高等院校工业设计专业"十二五"创新规划教材

丛书主编　杜海滨

工业设计平面基础

潘艳飞　编著

辽宁科学技术出版社

沈阳

图书在版编目（CIP）数据

工业设计平面基础 / 潘艳飞编著. —沈阳：辽宁科学技术出版社，2013.4

　ISBN 978-7-5381-7867-8

　Ⅰ.①工… Ⅱ.①潘… Ⅲ.①工业设计—平面构成（艺术） Ⅳ.①TB47

　中国版本图书馆 CIP 数据核字（2013）第 014298 号

出版发行：辽宁科学技术出版社
　　　　　（地址：沈阳市和平区十一纬路 29 号　邮编：110003）
印　刷　者：辽宁美术印刷厂
经　销　者：各地新华书店
幅面尺寸：215mm×225mm
印　　张：6.8
字　　数：220 千字
出版时间：2013 年 4 月第 1 版
印刷时间：2013 年 4 月第 1 次印刷
责任编辑：于天文
封面设计：潘国文
责任校对：栗　勇

书　　号：ISBN 978-7-5381-7867-8
定　　价：38.00 元

E-mail：mozi4888@126.com
联系电话：024-23284354
邮购热线：024-23284502
http://www.lnkj.com.cn

序言

时至今日，工业设计教育及人才培养在我国高等院校中从无到有，从萌芽到茁壮成长已经历了半个多世纪。但就某种设计教学模式来判断成功与否是很难的，也是很抽象的。因为设计也好、教学也罢，是一个完整的、动态的、多元的实践过程，人才培养理所当然地成为这一过程的先行者，实在不好定义哪一种模式好或不好。加之老师对教学的理解和课程的把握随着时间、地域和学苗不同也会以不同的方式方法加以应对，其评价或引导一定是多角度和全方位的。就基础教育而言，教师无疑是教学的主导者，是研究规律和章法的实践者。所谓章法就是寻求在某种限定下的无限可能性，也就是我们经常说的举一反三，以不变应万变的道理。比如我们经常在教学中对学生说"好看"和"好用"在工业设计的功能和审美范畴内是一种既对立又统一的矛盾体，孤立地强调任何一方都是片面或不完整的。教学的责任就是要在诸如此类的问题中间和学生共同探究，搭建起一种合情合理的人与物之间的和谐的关系。以便在各种技术、工艺、材料和审美要素中找到最基本的解决问题的求证方法，设计出适合于为人使用的产品。否则，若以"为用而用"或"为看而看"为前提的话，就不能称之为工业设计教育了。有谁愿意接受一个只能用而不好看甚至缺少人情味的产品呢？再如有经验的老师会在教学中把这样的问题放在同一个宏观目标下组织教学，营造一种如同我中有你，你中有我一样的共生关系和氛围。引导学生从课题限定、功能属性、服务人群等基本面多加思考，尽可能多地拿出解决问题的途径，如"换一种方式还能保持'好用'吗？""换一种材质还能保持'好看'吗？""新形式与新用途的存在或形成是否会更有益于使用者？""是否会产生新的问题反过来危及使用者？"等等如此这般的用心良苦，目的是让学生始终或经常保持一种原发的、动态的、开放的思维状态，在变化中去追寻本质寻找更多的可能性和可行性。说到底就是在变量中激活足够多的原创想法和捕捉到足够多的创新答案，而不是平庸的答案，更不是唯一的答案。诚然，上述之例无非要归结到基础教学的原点，这方面我们虽有好的经验但也不乏教训之谈，诸如"揠苗助长""追捧速成""直取结果"等，都是轻视基础悖于规律只要结果不顾过程的不作为。这种将基础误读为旁枝末节的短视做法是导致上述后果的直接原由。应当承认基础教学一路走来实属不易，由于对专业不能产生直接效果，或被压缩或被淡出以致让从教者为之困惑与忧虑。俗称"千里之堤，溃于蚁穴""千里之行，始于足下""沙滩上建不起高楼大厦"以及当下流传的"不要让我们的孩子输在起跑线上"等时尚说法，其真实含义都是在告诫我们无论从事何种专业，打好基础才是硬道理，是成功的关键所在。正是出于对这样一种背景的思考和责任心，让我们看到了目前国内许多院校均以自身的学术背景、学科定位及教学特点从各自角度不遗余力地探索新的基础教学理念和教材改革。为此，我们再一次从设计基础教学入手，把它作为艺术设计教育的聚焦点并以此为动力，发挥高校优势，整合学科资源，推广教学成果，创新教材建设，会合了多所院校基础教学团队和主力教师全力投入该教材的编写工作。相信该丛书的出版，将会在目前基础教学基础上融入更丰厚的知识内容，为设计人才的培养提供更广阔的实践平台。值得一提的是，本丛书筹备之初即确定了三个方面的编写要义，一是关注基础教学的前沿动态、吸收最新教学成果，使之相互吸纳、持续拓展；二是力求体现教材的基础性、规律性和融合度，兼顾各章节知识节点的有效衔接；三是注重过程、发现规律、掌握方法。深入感悟和探询设计基础与实践创新的必然联系。该丛书是集体合作之著，全体作者为之付出了相当大的努力。由于时间、学识所限，其中难免存在不足和缺失之处。在此，我们期望各方专家、读者和学生多提宝贵意见，以便今后补充和完善。

二〇一三年元月于鲁迅美术学院

前言

在科技发展日新月异的今天，工业设计在人们生活中的比重日益增加，它的内涵也不断扩大，因而对设计师的创意思维、审美能力、造型能力提出了更高的要求。工业设计平面基础作为一门视觉艺术训练的基础课程，是以研究视觉艺术与形象思维能力的综合应用为基础和依据，探求二维空间世界的视觉语法；形象建立、韵律组织，各种元素构成规律与规律的突破，从而构成理想形态的组合形式。

构成，也就是形成、造成；构成设计所说的构成是创造形态的方式方法，研究形与形之间的关系和重构与组合。作为应用美术基础学科的构成学，其研究的主要内容为图形、形态、色彩，而平面基础是构成设计中最为基础又至关重要的训练课程。通过平面基础的学习和训练，学生能够改变常规的思维方式，并从多角度、多方式进行观察、分析、实践；掌握各种形式的组合、重构关系以及造型的基本原理和规律，并将其应用于设计实践中，不断加深认识和理解。

人类的思维是人们头脑对自然界事物的本质属性及其内在联系的间接的、概括的反映，是人类自觉的把握客观事物的本质和规律的理性活动。平面基础亦是既严谨又有无穷律动变化的形式，它在强调形态之间的比例、平衡、对比、节奏、韵律、大小等要素的同时，综合了现代物理学、光学、数学、心理学、美学的成就，它理性、科学而又不乏感性。

本书的重点在于对构成要素的提炼，对构成的结构、规律的认识理解和灵活运用，注重造型基本功的训练与构成的联系，从训练形式美感入手，逐步导入设计主题，针对工业设计特点，培养学生的学习能力、实践能力、创新能力，并通过大量图片展示与剖析启发并充分调动学生造型的主动性、合理制订实践教学方案，完善实践教学体系，继承包豪斯所倡导的设计教育理念，以创造性和紧跟时代为特点，有效地解决了以往构成课程作为专业先修课与后续专业课程难以衔接的矛盾。

本书在吸收传统构成思想精髓的基础上，注重原理讲解，强调规律掌握，侧重科学训练，在部分案例中将采取电脑制作为特点，增强了表现效果，切实提高学生实战造型能力。本书作为指导实践的工具书，是一本比较完整而系统的教材。

潘艳飞

目　录

第1章 设计从构成开始

1.1 构成的概念 ▶

在《现代汉语词典》中"构成"释义为"形成"和"造成",也就是包括自然的创造和人为的创造,人类在与大自然的共生中不断影响着、改变着自然界。早在石器时代,人类用石头和木棍做成工具,这种构成组合强调了人类主观意识,随着科技的进步,人类发现物理学研究的分子、质子、中子、电子、基因组合等都揭示了不同事物构成的神奇之处,事实上,构成的思维方法和表现方法是以自然和生活为依据的。

19世纪后期,法国后印象主义大师赛尚(Paul Cezanne,1839—1906)提出了一切形体都是"由球体、圆柱体和圆锥体"等基本形体构成的鲜明论点。19世纪末至20世纪初阿列克塞·甘(1889—1942)发展了赛尚的观点,发表了"构成主义"学说,以构图、质感和结构三个原理表述了构成主义的思想特征,为后来构成体系的形成奠定了理论基础。"构成"泛指兴起于20世纪初以康定斯基为首的"构成主义"绘画流派。俄国的表现派代表康定斯基(Wassily Kandinsky,1866—1944)、荷兰的风格派代表蒙德里安(Piet Mondrian,1872—1944)实践并发展了构成主义,1925年蒙德里安撰写《新造型主义》一文,刊于《包豪斯》杂志,该文对于现代设计有着非常深远的影响。今天"平面构成"课程的雏形就是基于康定斯基在德国包豪斯学校"基础课程"中,对点、线、面进行的纯理性的分析和训练基础上发展而来的。包豪斯的"预备课程"以"基础设计"的名义在20世纪30年代传入美国,许多的设计院校把是否在教学大纲内设置"基础设计"作为从古典主义设计教育向现代主义设计教育转变的主要标志。"二战"后,日本受美国大学教育的影响,派人去美国学习设计,使日本成为亚洲最早接受设计教育的国家。1947年"构成学习"在日本的学习指导纲要草案中首次出现,而在1958年的"构成学习"中就已将"构成"与绘画、工艺、雕塑、设计并列在一起。香港是在1967年才开设设计课程的,以后几年间设

图1-1 蒙德里安撰写《新造型主义》专文(1925年刊于《包豪斯》杂志)

计教育便蓬勃兴起，使工商业得到了迅猛发展。之后，日本构成学之父朝仓直已的构成理论传入中国，它的构成理论体系更加系统、更加理性和具有可循的章法，而我国是随着80年代的改革开放浪潮，才从日本、中国香港引进构成教学进入到中国大陆的设计教育领域中的。

就设计角度而言，构成是创造形态的方法，是对所需要的诸要素的分解与重构。分解本身不是目的，它只是一种重新梳理、质疑、分析的方法与过程，构建新形态才是最终目的。换言之，构成是研究如何创造新形态，形与形之间怎样组合，以及形象排列的方法。也就是说，构成是寻找新的设计形态或将原有的、大家都熟悉的设计以新的方式呈现组合，形成新的视觉感受。可以说，构成是一种研究形象的科学，是打破以往的思维定势，将形象思维与逻辑思维有机结合的方法，形象思维是指结合着具体、生动的形象来进行的思维活动，形象思维的过程是以对形象的审美感知为出发点的，经过想象、联想、浮想和幻想，形成富有情趣的审美意象，从而获得特殊的审美愉悦；而逻辑思维正是与形象思维相对应的思维形态，是人们在认识过程中借助概念、判断、推理进行的思维活动，构成将艺术上形象思维与科学上逻辑思维两种思维方式有机地结合在一起，从感性的视觉形象出发，通过理性的分析与研究，创造出独具匠心的作品，这个由感性到理性的推理过程就是综合思维能力的训练远程。

平面基础、色彩基础和立体基础是现代形态构成学的三个重要组合部分，主要认识造型观念和基本规律，研究造型艺术的内在组织结构和内在关系，从各个方面去研究形象、色彩的特征和表现，并进行造型要素的分解、重构训练，寻求创作中偶然性的必然。工业设计平面基础是应用形态构成的基本原理，在二维空间中研究以点、线、面为构成基本要素，并在此基础上研究形象与形象之间怎样联系、排列、组合的种种不同视觉效果，探讨构成设计形式规律与基本法则，它广泛适用于色彩基础、立体基础及其他任何维度的设计领域。平面基础不以表现具象为特征，把自然界中的形态用简单的点、线、面进行分解、组合，用理性的和逻辑推理的方法来创造形象；平面基础的重点在于对构成要素的提炼，对构成的结构、规律的认识理解和灵活运用。

构成不是目的而是达到目的的手段，是一种思维方式的训练、分析、实验，是观察问题、解决问题的方法论，最后通过这种思维方式的训练，培养一种创造观念。赫曼•赫茨伯格说过："创新的难点主要在于如何摆脱旧的束缚。新思维的空间必须通过消除我们头脑中旧思想来取得，只有不断地从零开始"。通过对平面构成的学习有利于培养创造性思维，提高设计作品的表现力，提升审美意识，开拓设计思路，对提高艺术素质和设计水平有很重要的现实意义。

1.2 构成的起源与发展 ▶ 1.2.1 康定斯基的构成思想

图1-2 拱形和圆点（康定斯基）

康定斯基作为现代抽象艺术的先驱者，他的艺术理论与思想观念对构成主义体系的形成起到至关重要的作用。早在1912年他已意识到人类正迈向"一个理性的和有意识的构图时代，在这个时代里，画家可以自豪地宣称，他的作品是构成的"。他于1912年出版的《论艺术的精神》一书第一次全面系统地阐述了"抽象艺术"的原则，详细叙述了他把美术视为纯粹感情的直接表现的理论。在康定斯基出版的另一部著作《点•线•面》中，他将画面的基本构成要素即不同的点、线、面、色从物理层面、视觉心理层面、生理机制层面、数学层面，甚至人的性格层面进行先验性的理论阐释，又综合阐述了各形态要素的组合规律以及与构图的关系（如图1-2）。康定斯基对抽象艺术的探索对20世纪艺术产生了决定性的影响。

图1-3 · 第三届国际大会纪念碑（符拉迪米尔·塔特林（Vladimir Tatlin））

1.2.2 构成主义

构成主义（Constructivism），又名结构主义，发展于1913—1920年，是兴起于俄国的艺术运动。构成主义是指以一块块金属、玻璃、木块、纸板或塑料组构成各种几何形式，以表现雕塑艺术的形式美。构成主义主要代表人物有符拉迪米尔·塔特林（Vladimir Tatlin，1885—1953）和马列维奇（Kasimir Malevich，1878—1955）等人为代表的一个流派。他们试图从社会便利和实用意义出发，以科学和技术为基础，取代以前艺术家的静态活动，创造出新的动态的艺术。

构成主义代表人物马列维奇最初受到立体主义、未来主义的影响，探索艺术创作的目的性，并且创造出自己的构成主义艺术和设计风格，他的艺术宣言《从立体主义、未来主义到至上主义：新绘画现实》中解释绘画的"至高的纯粹动机，如何通过在纯白或空旷的背景上重置几何元素并排除客观表现"。他利用立体主义的机构组合进行创作，简单的几何形式和鲜明的色彩对比组成了他的绘画的全部结构内容。这使得视觉形式成为内容，而不是手段，充分体现了他的"形式就是内容"的创作立场（图1-3）。

马列维奇的纯粹造型思想和所推崇的感知纯化极大地影响了包豪斯对纯几何抽象的审美取向，从而影响了现代主义运动的发展。

1.2.3 荷兰风格派运动

风格派最具有影响的人物和理论家是蒙德里安（Piet Mondrian，1872—1944），他是风格派的大师，亦是构成艺术的先驱，他在著作《新造型主义》中认为："作为人的心理的一种纯粹的再现，艺术将以一种经过审美意识纯化的，也就是说，一种抽象的形式表现出来"。在蒙德里安看来，抽象的、无个性和情感的艺术，才是最纯粹的艺术（图1-4）。在他的作品中他一丝不苟地执行着这样的理

图1-4 百老汇爵士乐海报(蒙德里安)

论，对直线表现的简洁性，以及垂直—水平关系的神秘性研究，成为蒙德里安毕生的追求。他的作品以严谨的线条和几何体的构成为特色，他把艺术作为一种如同数学一样精确表达宇宙基本特征的知觉手段（图1-5）。

1.2.4 包豪斯

包豪斯（Bauhaus）是德语"Bau"和"Haus"二词的组合，原意为"建造房屋"或"建筑者之家"。由德国现代建筑师格罗比乌斯（Walter Gropius，1883—1969）建立起的一所建筑工艺美术学校。包豪斯建立于1919年，它的内涵是包含了现代主义建筑流派简洁、求实、清新、和谐的特点，强调建筑的实用功能，重视艺术与工艺技术的结合，包豪斯确立了构成的设计基础地位。

包豪斯学校的前身之一魏玛市立工艺学校，是1904年由比利时建筑师威尔德（Henry van de Velde）所规划的艺术学校，1919年包豪斯领导人格罗比乌斯将其与魏玛艺术与工艺学校合并，成了国立包豪斯艺术学校，包豪斯在这里开始训练艺术家、雕刻家、建筑师等成为跨领域的创意设计者。

包豪斯在教育的实践中强调教育的主体（即学生）要培养实际动手能力，解决实践能力弱的问题，将动手和动脑的训练贯穿于设计的全过程，并在构成学框架内确定这些目的和任务。

包豪斯设计学院明确提出"感知教育"这个课题，它强调学生的思维一切从零开始，用一种新的眼光来观察世界，着重于培养一种对抽象形式的兴趣，新的时间和空间意识，以及对材料质感的敏感性。克利、康定斯基、伊顿、纳吉、费宁格、拜尔、艾博斯等一批

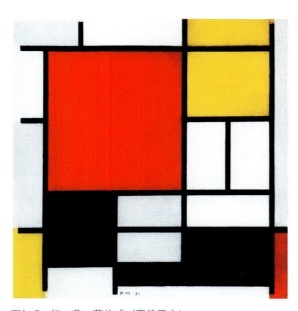

图1-5　红、黄、蓝构成（蒙德里安）

图1-6　1928年发行的《包豪斯》杂志封面

图1-7　包豪斯魏玛展览海报（约斯特·施密斯）

图1-8　包豪斯学校大楼

包豪斯教育的探索者在实践中真正贯彻了"设计的感知教育"。正如马克斯·比尔（乌尔姆设计学院第一任校长、包豪斯的学生）曾说："包豪斯的教学工作背后的原则，首先也是约瑟夫·艾博斯（Josef Albers，1888—1976）开设的初步课程背后的原则，主要就是要求我们去质疑已知的全部知识，并且还要对已知的答案进行进一步的质疑。"（图1-6～图1-8）

包豪斯创造出一股全新艺术风气与现代工业技术，在艺术、设计、建筑上，也在其特别的引导式教学上，这种结合艺术与技术的学习过程，将自己从古典艺术中分离出来，进行实验性的创新，包豪斯希望学习能够"让娱乐成为乐趣，让乐趣成为工作，让工作成为娱乐"（图1-9）。

1.3　造型设计概念与构成的关系

▶近几年来，我国经济的持续高速发展，给工业设计带来了前所未有的机会，工业设计的内涵在不断扩大，它不再是单纯造型角度的外观设计和技术角度的功能设计，不仅仅就形态、色彩、结构、材料、工艺等构成产品设计的物质条件，而是结合了经济、社会、环境、人体工程学，人的心理、文化层次、审美情趣多种因素的设计，合理解决"产品—人—环境—社会"的关系，是一种多层次、多角度、多思维的共生的观念和实践。

在造型设计中，点、线、面是造型艺术设计中最基本的元素，从设计之始，对点、线、面的艺术处理，如各种组合、穿插的应用就已经形成艺术作品的创作基调。在不同的造型设计中，通过点、线、面这三大基本元素的艺术处理，创造出丰富多彩、琳琅满目的造型设计。

造型设计是由二维平面进入三维立体空间的构成表现，虽然它不仅局限于对产品二维形态的刻画，更要塑造出产品的体量感、空间感，但是很多产品的立体形态仍要转换为平面来处理，如产品的正立面、侧面，产品的局部表面特征，产品表面的展开图等，都是产品形态的决定性因素。平面构成作为一门视觉艺术训练的基础课程，是以研究视觉艺术与形象思维能力的综合应用的基础和依据，它引导了解造型观念、训练抽象形体构成能力，了解造型的基本规律，培养审美观，挖掘造型专业学生潜在的感性思维能力，提升审美意识，开拓设计思路，极大地提升学生的艺术理解力和创造力，并为造型设计奠定坚实的综合设计基础。

图1-9　包豪斯作品展海报（赫伯特·拜尔（Herbert Bayer））

1.4 构成的材料和工具

► 工业设计平面基础的教学要引导学生通过各种有效的途径和方法，在设计造型的过程中，主动把握被限定的条件，有意识地去组织和创造，在设计体验的反复积累中提升学生的能力水平。

工业设计平面基础侧重于学生造型方式的培养和普遍规律的研究，在学习中不局限于具体功能、特殊工艺和材料等相关属性。在训练中将主要采取手绘和电脑制作的方式。手绘可以加深学生学习平面基础知识，提高手绘技能，培养学生的思维能力、创造想象力和绘画表现力。电脑制作可以提高完成作业的精度和速度、丰富表现手段、增强表现效果，力求在有限的课时内达到更直接、更有效、更具有针对性的效果。

平面基础训练的工具准备：

（1）白卡纸。20cm×20cm尺寸若干张。

（2）黑卡纸。22cm×22cm尺寸若干张，用于画面装裱。

（3）圆规、直尺、三角尺、水性笔、马克笔、中叶筋和小叶筋毛笔、签字笔等。

（4）黑色和白色的水粉色、墨汁。

（5）乳白胶、双面胶、剪刀、壁纸刀。

（6）电脑及应用软件Photoshop、Illustrator 等。

（7）手绘板。

本章思考题：

（1）简述构成的起源与发展。

（2）构成的概念与意义。

第2章 平面基础的基本元素
——点、线、面的形态特征及其在造型设计中的应用

2.1 点的形态特征及其在造型设计中的应用 ▶

"点、线、面是造型艺术表现的最基本的单位，它具有符号和图形特征，能够表达不同的性格和丰富的内涵，它抽象的形态，赋予艺术内在的本质和超凡的精神。"抽象派画家康定斯基对现实世界中实际的形态进行了研究，从视觉艺术的角度出发，以分解的方法，发现了世界上所有的形态都是由相同的一些基本要素组成，这些基本要素就是点、线、面，它们是在造型艺术设计中我们能看到和感知到的最基本的元素，如图2-1所示。

图2-1 圆之舞（康定斯基）
在该作品中，特定的主题和视觉联想都消失了，只有抽象的点、线、面的构成形式使作品更具表现力。

2.1.1　点的众多形态

点是造型艺术中最基本的造型元素。点在空间中起着标明位置的作用，在数学概念中点是只具有其位置而没有形状和大小，如线的端点或交叉处、面或体的转角处等，而在造型艺术中，点只是感觉中的点，它不仅具有位置，还有形状、大小、色彩、密度、肌理与质感。如图2-4所示，以点为造型元素构成人的形象。点通常是指很小的东西，但具体要小到什么程度才是点呢？如下图2-2（a）、（b）所示。

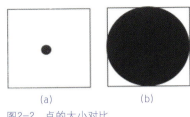

（a）　　　（b）

图2-2　点的大小对比

图2-3　《不同形状的点》（康定斯基）

采用对比的方法可以得出，在同样大小的一张纸上，图2-2（a）与图2-2（b）相比较，图2-2（a）是圆点，但假设将图2-2（b）放到月球与地球的距离它便又是点了。天空中的星星与天空相比就是点，一滴滴在纸面上的墨水滴与白纸面积相比就是点，体积小而分散的事物如芝麻、沙粒等可视为点；距离远或在大空间对比下的星星、远处的灯火、海平线上的帆船、地图上的城市可视为点；处于交叉位置的如围棋棋盘上线的交点、透视的交点可视为点；符号的一种，如逗号、盲文、音符可视为点；短小而有力的笔触、痕迹都可视为点。因此，点的形态是多种多样的（图2-3、图2-4）。

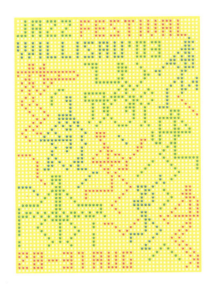

图2-4　爵士音乐节海报（尼古拉斯·卓斯乐（Niklaus Troxler））
该设计作品以点为主要造型元素，构成数个欢快演奏音乐和舞蹈的人的形象，表达清新、纯粹、自由、热情的感觉。

2.1.2 点的性质

1. 点的对比

点有大小、虚实、方圆、黑白、浓淡、红黑、单一与聚合的对比，如图2-5所示。

①大小的对比，如图2-5（a）。

②虚实的对比，如图2-5（b）。

单独的点包括实点和虚点，实点是与背景或形体表面相对而言的实形或实体；虚点是与背景或形体表面相对而言的孔洞或虚体，表现静止、安定，吸引人的视线。

③方圆的对比，如图2-5（c）。

点的表现将受到面或体的影响，如圆点的集中、方点的静止、三角点的指示方向、自由形的点静中有动。

④黑白的对比，如图2-5（d）。

⑤浓淡的对比，如图2-5（e）。

⑥红黑的对比，如图2-5（f）。

⑦单一和聚合的对比，如图2-5（g）。

2. 太大、太小的点都会弱化视觉感受

从点的大小的视觉感受来看：点小，视觉效果较弱，有消失之感；点大，视觉效果较强，然而点若过大，也有空洞、不精巧之感。如图2-6所示。

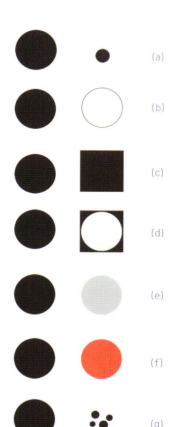

(a)
(b)
(c)
(d)
(e)
(f)
(g)

图2-5　点的对比

面　　　　　　　　点　　　　　　　　消失

图2-6　点的大小与视觉感受

3. 点的位置

点的位置如图2-7所示。

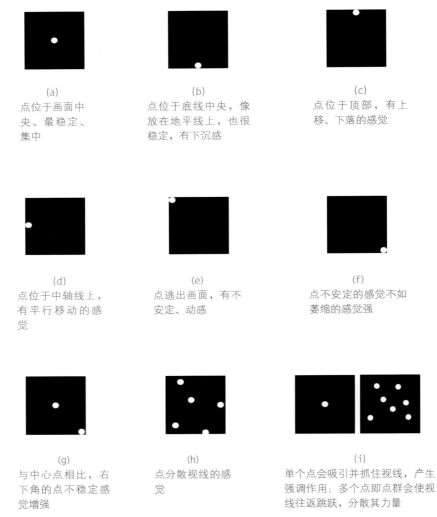

(a)
点位于画面中
央、最稳定、
集中

(b)
点位于底线中央，像
放在地平线上，也很
稳定，有下沉感

(c)
点位于顶部，有上
移、下落的感觉

(d)
点位于中轴线上，
有平行移动的感
觉

(e)
点逃出画面，有不
安定、动感

(f)
点不安定的感觉不如
萎缩的感觉强

(g)
与中心点相比，右
下角的点不稳定感
觉增强

(h)
点分散视线的感
觉

(i)
单个点会吸引并抓住视线，产生
强调作用；多个点即点群会使视
线往返跳跃，分散其力量

图2-7 点的位置

两个点的存在会使视线在这两个点间漂移，在心理产生一条线的感
觉，同样大小的点在人心理上产生线的感觉，当同一空间中有三个
以上的点同时存在时，就会在点的周围产生虚面的感觉，点的数量
越多，周围的间隙越短，面的感觉越强。

4. 点群

两个点或两个点以上形成的点群。一个点可以表明位置，吸引人的注意力，点群是由两个或两个以上的点组成的视觉空间，点与点之间受张力作用构成视觉心理连线，点的距离和排列方式的不同，会给人以不同的视觉效果，如图2-8所示。

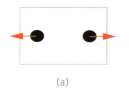

(a)

点的距离较远时，点无法形成紧密关系的点群，不能形成明显的视觉形象或形态，如图2-8（a）所示。

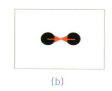

(b)

当两个点距离接近时，便会受张力的影响形成一个整体，这样便会形成特定的视觉印象，如图红线所表示的是视觉感知的形态结果。如图2-8（b）、（c）所示。

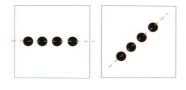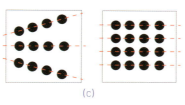

(c)

图2-8　点群

5. 相同点的排列可以产生空间感和节奏感（图2-9）

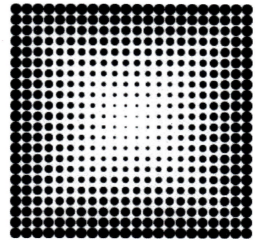

图2-9　点的排列

6. 点越密集线的感觉越强（图2-10）

图2-10

图2-11

2.1.3 点的错视

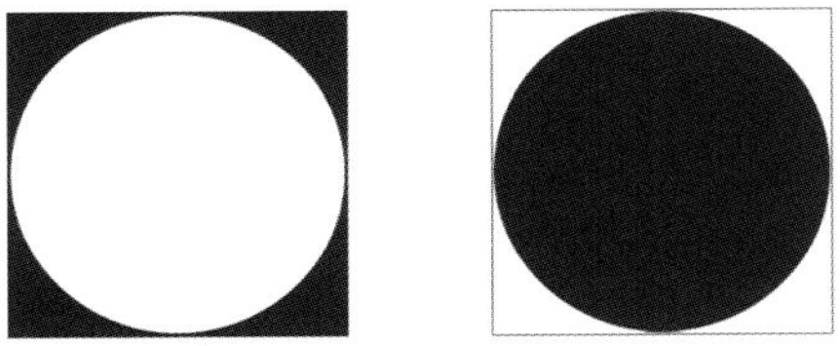

（1）在同样大小的点当中，明亮的、暖色的点感觉大，有扩张感；深色的、冷色的点感觉小，有收缩感，如图2-11所示。

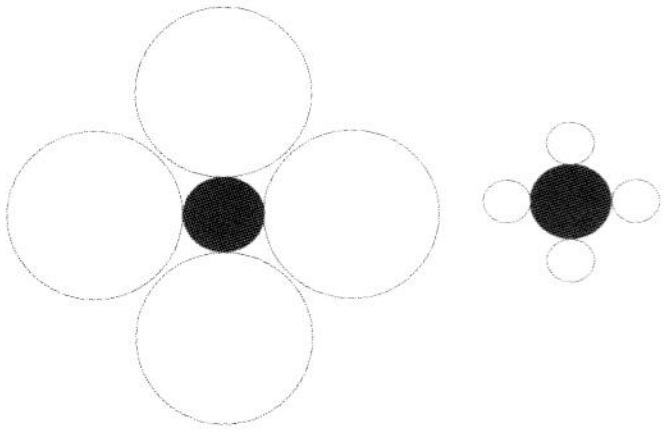

（2）同样大小的两个点，若周围的图形比点大，点的感觉就小；若周围的图形比点小，点的感觉就大，如图2-12所示。

（3）同样大小的两个点，紧贴外框的点感觉大；远离外框的点感觉小，如图2-13(a)、(b)所示。

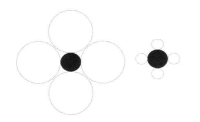

图2-12

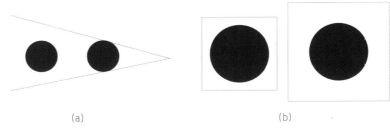

(a)   (b)

图2-13 点的错视

2.1.4 点在造型设计中的应用

点是视觉可见的最小的形式单元，在空间中有标明位置的作用，能引人注目，有集中、能聚的特性，如图2-14集中、聚集的点群排列成富于变化的曲面，吸引观者的视线，在产品造型设计中，由于点具有一定形状和微小面积的构成要素，产品中点设计的语义多被赋予"按"的含义，所以常见于手机键盘上的按键、电子产品外壳上操作元件、遥控器等许多操作界面。如图2-15、图2-16所示。

图2-14 "Mutation"系列作品（比利时设计师Maarten De Ceulaer）
这一系列作品用不同大小泡沫组合而成点的形状,众多的点排列成曲面，整体颠覆了传统的家具设计，吸引人视线的同时也传达出柔软的感受，使其成为独特的沙发。

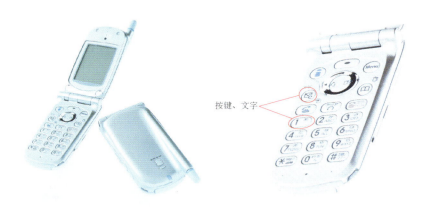

按键、文字

图2-15 点在手机产品上的应用

图2-16　不同的点群关系形成不同形态

点在手机造型设计中是相对的，按键本身就是一个小的点，也是由点线面构成的，但在整个产品中，按键、文字可视为手机上点的形态，这个点的大小、长短、颜色、位置的造型变化会产生千变万化的手机造型。如图2-17～图2-23所示。

图2-17　随着科技进步，手机按键形态的发展，点的形态开始丰富、多样化

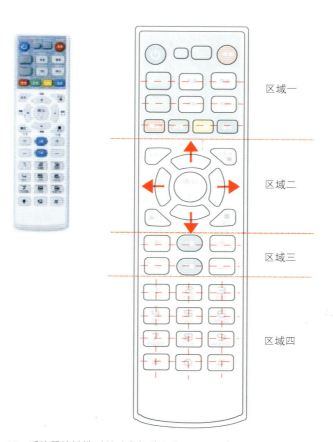

区域一

区域二

区域三

区域四

图2-18　遥控器按键排列所形成点群关系，不同区域呈现不同功能

图2-19　数码相机上的取景窗、镜头、闪光
灯、操作键、按钮等都具有点的性质

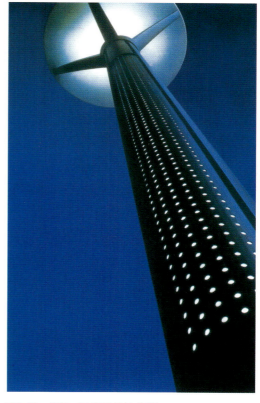

图2-20　灯柱（飞利浦设计公司）
该灯柱设计采用点为主要造型元素，它产生的光散发出去使
人有自然光的感觉，现代的造型结构能与周围环境很好地结
合在一起。

图2-21 Yoshikin环球厨房刀具
Yoshikin环球厨房刀具手柄上的黑色点具有点和点群的性质，不仅起到很好的视觉装饰效果，在使用时也获得很好的手感。

图2-22 兰迪椅（汉斯·柯雷（Hans Coray））
椅子背以点进行构成，椅子的扶手与腿以简单的线条表现，整体感觉富有力量、舒适而不造作。

图2-23 "时间球"钟（吉昂·达根（Gideon Dagan））
这件设计作品采用红点标示出时间，简洁有趣。

2.1.5 平面基础的基本元素——点的构成训练课题

课题名称：

平面基础的基本元素——点的构成训练课题。

课题简述：

点是平面构成最基本的元素，了解并掌握构成的基础形态点的特征及其分类、构成方法及技巧，是平面构成课程的切入点。

在制作过程中，首先勾勒4～5张小稿，通过与指导老师的沟通交流修改初稿，再将其拷贝成正稿，并对其进行修饰完善，在绘制过程中注意保持稿件细致干净。

课后练习之一：

请搜集印刷品、照片等图像资料，分别找出日常生活中"点"的形态。

课后练习之二：

绘制点的构成作品于20cm×20cm的白卡纸上，并用22cm×22cm的黑色卡纸进行装裱。

图2-24与图2-25是点的节奏。
通过点的黑白变化营造明暗关系、点大小的重复和疏与密的排列变化则产生新的图形。

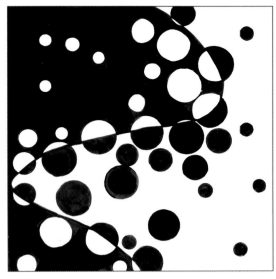

图2-24 点的节奏

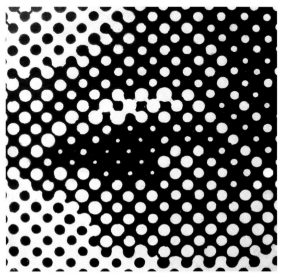

图2-25 点的节奏

图2-26　点的构成

图2~26～图2-35是点的构成，作为造型基本元素的点拥有丰富的形态、大小、肌理、质感、密度，其中图2-26这幅作品以点和线的构成为主，丰富而有序的点构成较强的动感和节奏感，点的形态有渐变的过程，相同方向的规律形态使左下角成为最重要的视觉焦点，从此点向外放射的圆弧由细到粗，产生层次细腻的空间感，这幅作品精心安排，既有联系也有对比，有较好的视觉效果；图2-29这幅作品采用葵花子作为点的具体形态，点的形态有黑白灰的变化，点与点之间相交、压叠，形成更为紧密的组合关系，成为画面设计的交点，左上角和右下角的疏密对比使画面产生视觉上的聚集性和心理上的扩张感，具有良好的表现力。

图2-27 点的构成

图2-28 点的构成

图2-29 点的构成

图2-30　点的形态构成

图2-31　点的形态构成

图2-32　点的形态构成

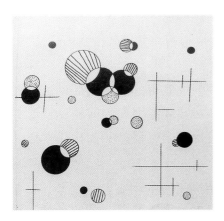

图2-33　点的形态构成

图2-34　点的形态构成

图2-35　点的形态构成

2.2 线的形态特征及其在 ▶ 造型设计中的应用

按几何学的定义，线是点移动的轨迹，它只有位置和长度，而不具有宽度和厚度，如形的边缘、面与面的界限、回转面的转折处等。但在造型艺术中，线同点一样，它是能看得见的，不但具有位置与长度，还具有宽度以及丰富的变化。

图2-36　线条构成（蒙德里安）

图2-37　孤立的横向波浪线（康定斯基）

康定斯基认为：“就像钢琴是一种点乐器一样，管风琴或许是一种典型的线乐器……不同乐器的音高相当于线的粗细，小提琴、长笛和短笛产生一种非常细的线，大提琴和单簧管是一种略粗的线；由低音乐器演奏产生的线越来越粗，一直到双低音乐器或大号的最低音调。”如图2-36、图2-37。

2.2.1　线的性质

图2-38　舞蹈的线条（包豪斯课程）

图2-39　斑马（瓦萨雷利）

图2-40　线与色彩的构成·一号（蒙德里安）

线是所有形态的代表和基础，一切形态都有线的因素，如图2-38所示。根据运动的轨迹，线可分为直线、曲线。直线是由沿同一方向移动的点形成的；曲线可看作是由连续地改变方向的移动的点形成的。按点的运动方式，直线可分为水平线、垂直线、斜线、折线、任意直线、规则直线等；曲线可分为规则曲线和不规则曲线。规则曲线，包括圆弧、抛物线、双曲线、正余弦曲线等，具有一定的规律；不规则曲线即自由曲线，指形状比较复杂、形态变化自然、有较强随意性、线的走向自由、没有明显规律、变化丰富，如图2-39所示。

线在日常视觉经验中是细而长的形态，如电线、人体血脉、植物茎脉等。在画面中，线的形态丰富，表现力也极为丰富，细线纤细、粗线醒目，如图2-39、图2-40所示。粗的、长的、实的线有向前突出感，给人一种距离较近的感觉；细的、短的、虚的线有向后退缩感，给人一种距离较远的感觉，如图2-41所示。

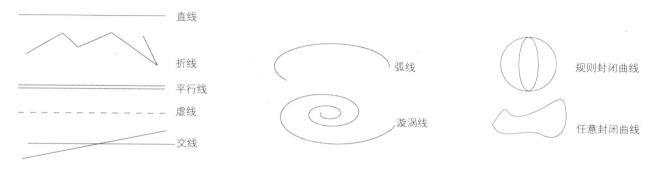

直线

折线

平行线

虚线

交线

弧线

漩涡线

规则封闭曲线

任意封闭曲线

图2-41　线条的种类

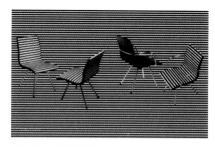

图2-42　尼嘉德作品

图2-43　伴随几何元素的相同波浪线
（康定斯基）

1. 直线

（1）水平线：平和、静止、稳定、庄重、安详，给人以安定感，有使视线继续延长的效果，如图2-42所示。

（2）垂直线：垂直耸立的树木、电线杆、古建筑的柱子，具有高洁、希望、上升、严肃、端正，使人敬仰之感。

（3）倾斜线：飞机起飞、运动员起跑，具有不安全的即将倾倒之感、有速度感、不稳定感。

2. 曲线

（1）几何曲线：具有柔软、圆润、活泼、丰满、明快的特征，给人以高尚、对称、含蓄之美感，在造型中可以表达富于现代性的旋律。

（2）自由曲线：有奔放、优美、自由、流畅之感，表达起伏多变的构思，具有抒情诗一般的优美动感，如图2-43、图2-44所示。

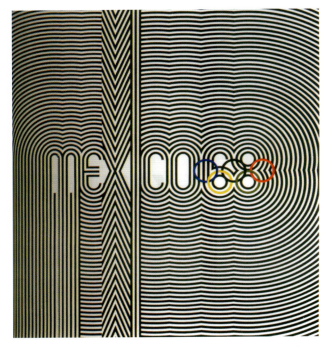

图2-44 墨西哥奥运会官方海报（兰斯·威曼（Lance Wyman））

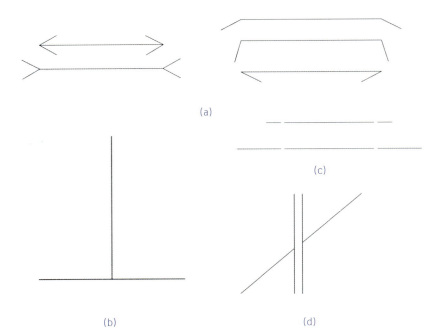

(a)

(c)

(b)

(d)

2.2.2 线的错视

两条等长的平行直线，在直线两端加入斜线，因斜线与直线所成角度的不同，产生不等长的错视效果，如图2-45（a）。

等长的两条直线，垂直和水平方向摆放时，垂直直线要比水平直线感觉长，如图2-45(b)。

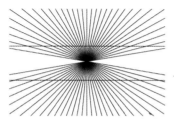
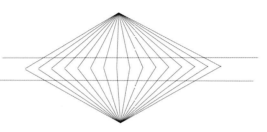

(e)

两条等长的直线，受周围线条不同长短的影响，产生不等长的错视效果，如图2-45（c）。

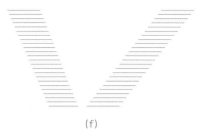

一条倾斜的直线，被两条平行的直线断开，斜线会产生错开的错视效果，如图2-45（d）。

两条平行的直线，在发射线的作用下，出现弯曲的视觉效果，如图2-45(e)。

(f)

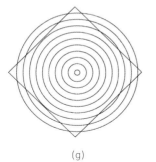

左右短横线的长短是一样的，整体倾斜更大的看起来短些，如图2-45(f)。

正方形受圆环的影响，产生弯曲的感觉，如图2-45(g)。

六条平行的直线，在不同方向短线的作用下，出现倾斜的视觉效果，如图2-45(h)。

(g)

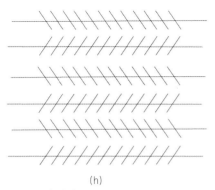

(h)

图2-45 线的错视

2.2.3. 线在造型设计中的应用

"点是静止的，线产生于运动，表示内在活动的张力。"抽象派大师康定斯基曾这样描述线的形态。在造型设计中，线是有力的造型手段，产品的外形轮廓、面与面之间的交线、面上的分割线，都是设计中常用的造型语言，因此可以说线是决定产品形态基本性格的重要因素，如图2-46所示。

从视觉心理上来看，折线和直线给人以单纯、明确、刚硬、理智并且有男性化的倾向；曲线则给人以优雅、圆润、柔软、抒情及女性化的感觉，如女性一般喜欢线条柔和的手机造型，而男性则选择棱角分明、平面直角的手机造型。

如笔记本电脑形态中的点、线、面因素也反映了笔记本电脑形态符号的个性，细微之处体现着设计师的创造力，电脑笔记本的标志、指示灯、插槽、按钮可视为点的形态；而各个侧面的轮廓线、外表面的分割线都可视为线的形态。侧面线条的设计可体现笔记本电脑的轻薄、可移动、便携的特点。

图2-46　苹果iMac一体机

不同的产品所包含的线的造型是不同的，线在产品中的应用主要体现在以下三个方面。

1. 产品的外形特征线

产品的特征线是指产品从某个角度的最外轮廓线，这个轮廓线对产品整体造型特征起决定性作用，它决定了产品与产品之间造型的区别。1915 年由瑞典设计师Alex Samuelson 设计的著名的可口可乐玻璃瓶，它的特有的曲线形状，使你一眼就能从货架中认出来，如图2-47。许多生活用品具有圆润、憨厚、可爱的外形，使产品看起来富有亲和力和趣味性，而采用直线围成的外形，线与线倒角小则性格刚硬、棱角分明，如图2-48所示。

图2-47　可口可乐玻璃瓶特有的外形线

图2-48　富有亲和力的外形设计

图2-49 HL02070鼠标
HL02070鼠标产品硬朗的折线和棱角造型
形式的分型线给整个形态增加了动感与
活力。

2. 产品表面的线

产品表面的装饰线，对产品的造型形态、外观有很大的影响，如图2-49所示。

3. 产品的结构分型线

产品结构的分型线造型首先要符合结构和生产工艺，在这些要求允许的条件下，可以创造出细致有变化的线，使产品造型形态更加丰富生动，更加富有哲理。

产品的结构分型线主要包括产品造型轮廓线，表面造型起伏和每个部件的转折线以及部件的边缘线和开模线，如图2-50～图2-60所示。

图2-50 卡尔顿壁架（埃托尔·索特萨斯（Ettore Sottsass））
这件作品主要以点、线、面为构成元素，左右对称的构成形式使得作品具有稳定感，作品样式突破传统，给人以耳目一新之感。

图2-51 红蓝扶手椅（格里特·里特维尔德（Gerrit Ri-etveld））
这款椅子由标准的几何形木质元素构成的，扁平的矩形嵌板和带方形元素的木条，边框为黑色，框的端头为黄色，靠背板和座板分别为红色和蓝色，它过分简单却真实地描绘了蒙德里安绘画作品中的三维效果，这把经典的"红蓝椅"以一种实用产品的形式生动地解释了"风格派"抽象的艺术理论。

图2-52 22号钻石椅（哈里·伯托伊亚（Harry Bertoia））
这件作品采用金属丝作造型，整体以线为主要表达元素，金属丝织成钻石形的网，再配合独特的座位外形，使空间流畅自然。

图2-53 银手镯（楠娜·迪兹尔（Nanna Ditzel））
线条有规律的排列，三角形的几何造型，细腻又不乏大气，产品的形式美好且具有节奏与韵律美感。

图2-54 邦·奥陆芬（Bang&Olufsen）音响系列BeoSound9000
外形超凡独特，表面的线条夸张，内置收音机的六碟CD播放机，圆形连续排列有强烈的秩序感，精致、简练的设计语言和方便、直观的操作方式，风格独特，与众不同。

图2-55 蝴蝶椅（楠娜·迪兹尔（Nanna Ditzel））
圆弧、环状构图、有韵律的排列与重复，从蝴蝶这个
美妙的动物的飞翔中抓住一种漂浮于空中的轻松感觉
应用在设计中，使观者强烈感受到一种生命的律动。

图2-56 Ww椅（菲利普·斯塔克（Philippe Starck））
这幅作品采用了不规则线条的设计元素，充满魅力的弧线，雕塑般、绵延
生长的造型，如同植物的根部一样，简单的造型体现了作品强烈的现代感。

图2-57 雅马哈静音小提琴
在琴身右边采用曲线标示出传统，小提琴的外形又加以突破，整体极简而抽象，
富有现代感。

图2-58　S形椅子（汤姆·狄克逊（Tom Dixon））
这款椅子独有的有机曲线S形，以黑色烤漆的金属制成优美线条的支架，有柳条或植物茎秆手工编织而成的面层，从椅子背到座地的线条呈现出S形的线条，这不单显出了独特的个性感，线条亦令人有一种浪漫与亲切的感觉，再加上或阔或窄的椅背及坐垫，令外观充满动感。

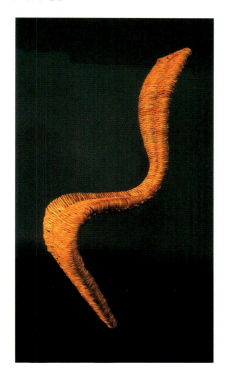

图2-59　香水瓶
（阿兰·莎夫（Alan Schaff））
该香水瓶身曲线婀娜，瓶盖部分曲线犹如鸟喙，造型美观而富有自然气息

图2-60　潘德拉台灯和落地灯
（韦尔纳·潘顿）
半圆形的灯罩遮住直接从光源发射出的强光，创造出美丽柔和的灯光效果，与直线的灯柱形成鲜明对比，灯座的柔美弧线与灯罩形成呼应。

2.2.4 平面基础的基本元素——线的构成训练课题

课题名称：

平面基础的基本元素——线的构成特征训练课题。

课题简述：

了解并掌握构成的基础形态线的特征及构成方法。

课后练习之一：

请搜集印刷品、照片等图像资料，分别找出日常生活中"线"的形态。

课后练习之二：

绘制线的构成作品于20cm×20cm白卡纸上，并用22cm×22cm的黑色卡纸进行装裱。

线的构成赏析（图2-61～图2-66）

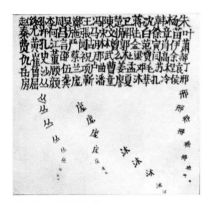

图2-61　线的构成

图2-62　线的构成

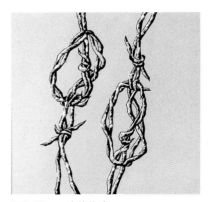

图2-63　线的构成

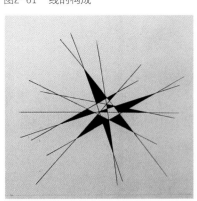

图2-64　线的构成

图2-65　线的构成

图2-66　线的构成

2.2.5　线的构成设计赏析

图2-67～图2-71为线的构成作品，在这几幅作品中运用线为主要构成元素，线条或单纯明快或随意自由，表现出作品的张力，其中图2-67与图2-68两幅作品，通过线的有序排列形成面，线条黑白相间，由于线条方向变化、疏密变化、粗细变化产生空间和层次感。

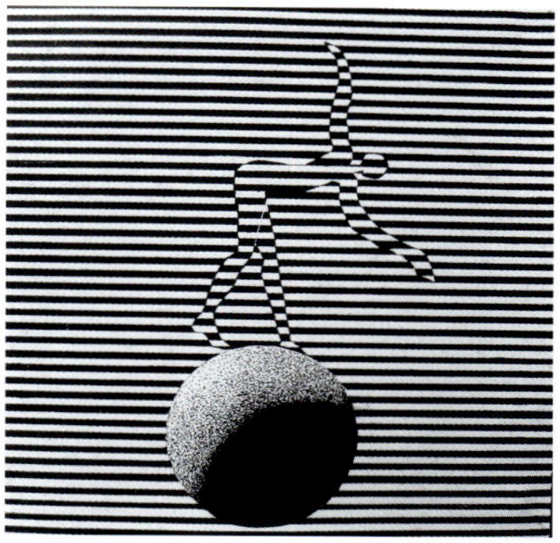

图2-67　线的构成

图2-68　线的构成

图2-69　线的构成
这幅作品运用点和线进行设计，线条流动感强，不同粗细的线之间形成联系和对比，点线面之间位置合理、相互影响、相互映衬。

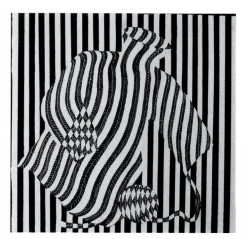

图2-70　线的构成
以字母构成线条，产生特别的质感。

图2-71　线的构成
这幅作品以线为主要造型因素，黑白线条相间，线条方向和质感的变换使得主体内容从背景中脱颖而出，既有联系又有对比，是一幅优秀的设计作品。

2.3 面的形态特征及其
   在造型设计中的应用 ▶

2.3.1 面的性质

面是线的移动构成的二维空间，面的形式有几何形、组合形、自然形、偶然形等，各具有不同的内涵语义，如图2-72所示。几何形主要有矩形、圆形、梯形、三角形等，给人以明朗、秩序、端正、简洁的语义，但同时也有可能给人以单调、呆板的语义。偶然形态的面是指用特殊技法或偶然形成的形态，如敲打、泼墨、自留、断裂、书写等。如图2-73、图2-74所示。

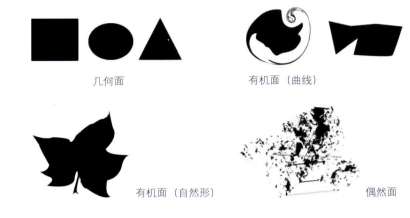

几何面　　　　　　　　有机面（曲线）

有机面（自然形）　　　　　　　　偶然面

图2-72　面的种类

图2-73　田中一光的海报作品
该设计作品采用几何符号、抽象的形状为主要构成元素勾勒出有着日本传统女性发型的人物形象，生动而有趣。

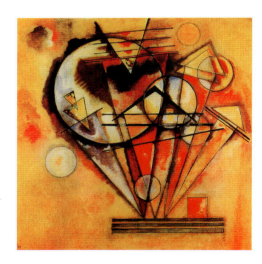

图2-74　在点上（康定斯基）

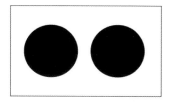

(a)

(b)

(c)

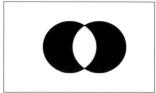

(d)

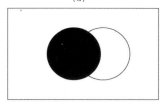

(e)

2.3.2　面与面的构成关系

当两个或两个以上的面在平面空间中同时出现时，便会有多样的构成关系，如图2-75所示。

（1）分离（图2-75（a））。

面与面之间分开，保持一定距离，在平面空间中呈现各自的形态，在这里空间和面形成了均衡的关系或相互制约、相互牵引，亦或从属主次的关系。

（2）相切（图2-75（b））。

面与面的轮廓线相切，并由此而形成新的形状，在二维平面中，这种关系表现为重合线和相交点。

（3）连合（图2-75（c））。

交叠后构成新的较大的图形。

（4）透叠（图2-75（d））。

互相交叠，交叠部分呈透明形态。

（5）重叠（图2-75（e））。

一个形状覆叠在另一形状之上，产生前后关系，形成空间层次感。

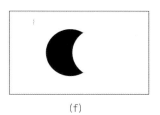

(f)

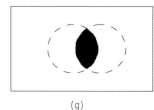

(g)

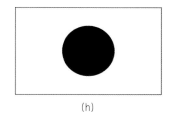

(h)

图2-75　面与面的构成关系

(6) 减缺 （图2-75 (f)）。

一个形状被另一个形状覆盖，形成一个新的形状。

(7) 差叠 （图2-75 (g)）。

与透叠相反，只有互相重叠的地方可以看见。

(8)重合 （图2-75 (h)）。

形状与形状之间套叠成为一体。

以上这些组合使所有的形态都超出了它本身存在的意义，既再造了形态又丰富了视觉效果。

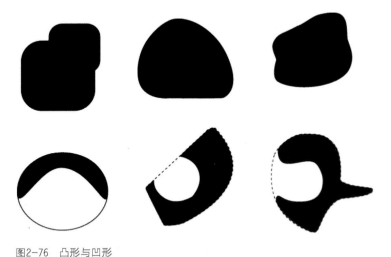

图2-76　凸形与凹形

2.3.3　凸形和凹形

凸面就是面内存在的任意两点的连线完全包含在此面内；凹面就是面内存在的两点的连线不完全包含在此面内。

凸形和凹形是一组可以啮合的形态，凸形有更强的力量感，而凹形则更有利于表现空间中的负形和虚空间，如图2-76所示。

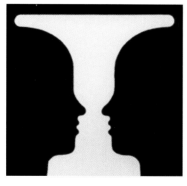

图2-77 鲁宾之杯
该图中首先给人看到的是画面中白色的杯子。然而，若我们的视线集中在黑色的负形上，又会浮现出两个人的脸形，设计师利用图地互换的原理，使图形的设计更加丰富完美。

一般情况下，在一个特定的空间中，我们的视觉很容易分得出何为背景、何为凸现的图形。格式塔心理学家认为，人们的视觉会自觉地注意"图形"而使之成为视觉主体，自觉地忽略、省略背景。这里所说的图形就是指凸现于周边背景的实形即正形。该图形与图形周围空间之间存在一定的明暗、色彩、肌理等对比，通常称这种图形和图形周围空间关系为图与地的关系，而图与地是共存的。《鲁宾之杯》是图与地的典型例证（如图2-77）。一般来说，色彩明度高的有图的感觉；在凹凸变化中，凸的有图的感觉；在面积大小变化中，小的有图的感觉；在空间中，被包围的有图的感觉；在动静对比中，动的有图的感觉；在抽象与具象对比变化中，具象有图的感觉。图与地两者的关系是辩证的，两者之间常常可以进行互换，它们是相互关联、相互依存的，设计时充分利用图与地的变化关系，可获得完美有趣的视觉效果，如图2-78、图2-79所示。

图2-78 福田繁雄个展宣传海报（福田繁雄）

图2-79 日本京王百货的宣传海报（福田繁雄）

图2-78、图2-79这两幅设计作品中福田繁雄利用"图""地""凹""凸"间的互生互存的关系来探究错视原理。其中图2-79该作品巧妙利用黑白、正负形成男女的腿，上下重复并置，黑色"地"上白色的女性的腿与白色"地"上黑色男性的腿，虚实互补，互生互存，创造出简洁而有趣的效果。

2.3.4 面的错视

两个面积、形状相等的面，黑色地上白面感觉大，白色地上黑面感觉小，如图2-80（a）所示。

两个面积、形状相等的面，周围图形小的面感觉大，周围图形大的面感觉小，如图2-80（b）所示。

多个大小相等的正方形的等距排列，方形间隔的交点上，会显现出灰点，如图2-80（c）所示。

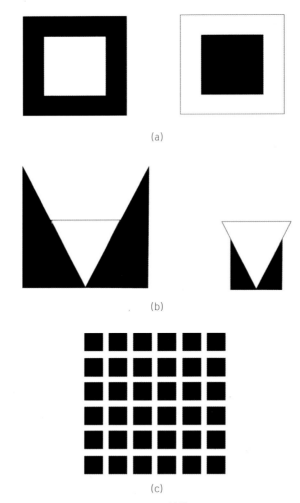

(a)

(b)

(c)

图2-80　面的错视

2.3.5 面在造型设计中的应用

平面给人的感觉是平坦、规整、简洁、朴素。由于平面易于制造和加工，使用上有众多的优良性能，所以平面是各种造型物中使用最为广泛的、最基础的面。建筑物、机器、仪器、仪表及家具等表面大多是平面，如图2-81～图2-85所示。

图2-81 香水瓶（三宅一生）
该作品采用三角形的几何形态，其底部由一大块银色底圈与一个小小的弧形组成，犹如一滴露珠，体现三宅一生独特的、最简单的抽象风格。

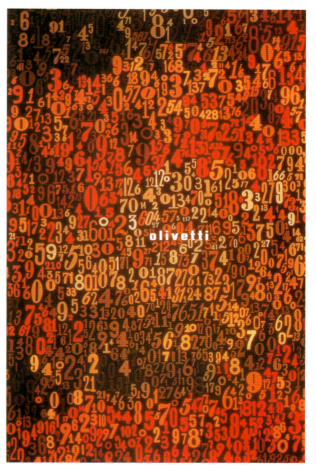

图2-82 奥利维蒂公司宣传海报（乔凡尼·宾托利（Giovanni Pintori））
该作品采用明亮的色彩、随意间隔、大小的数字构成底面，突出主题字母"Olivatti"。

图2-83　咖啡桌IN-50（伊萨姆·诺古奇（Isamu Noguchi））
该设计作品采用不规则的曲面作为桌面，两个同样的部件做底，一个颠倒过来与另一个黏在一起，整体设计简洁而富有现代感。

图2-84　夏普显示器
四条线围成一个四边的面，这个面就是构成显示器的最主要部分，在该设计中，显示器下方直线与直线间过渡弧线角成圆倒角，显示器底部拟人的圆弧的设计使得显示器友好、温和、充满生气。

图2-85　Flight凳（Brber Osgerby）
这款设计由弯曲木材制成凳面，简洁的设计给人以稳定感。

2.3.6 平面基础的基本元素——面的构成训练课题

课题名称：平面基础的基本元素——面的构成训练课题。

课题简述：了解并掌握构成的基础形态面的特征及构成方法。

课后练习之一：请搜集印刷品、照片等图像资料，分别找出日常生活中"面"的形态。

课后练习之二：绘制线的构成作品于20cm×20cm的白卡纸上，用22cm×22cm黑色卡纸进行装裱。

图2-86 面的构成

图2-87 面的构成

图2-88 面的构成

图2-89　面的构成

图2-86～图2-94为面的构成作品，在这几幅作品中，面的形态丰富，面与面的结合、交叠等关系呈现空间层次感，其中图2-90这幅作品受到电路板的启发，将点、线、面很好地结合在一起，构图均衡，有向上的动感。图2-94这幅作品将荷叶进行归纳挖掘，使之秩序化，在对比中又有和谐，画面中生动自然的有机形象具有情感因素，雨伞与荷叶的置换，极大地激发观者的兴趣。

图2-90　面的构成

图2-91　面的构成

图2-92　面的构成

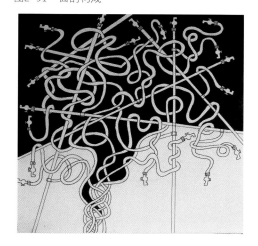

图2-93　面的构成

图2-94　面的构成

2.4 计算机辅助点、线、面的构成表现技法

▶ 2.4.1 计算机辅助点的构成表现技法

（1）打开一幅层次丰富的图像如图2-95所示，将其处理成为点的效果，从这个范例中体会点的大小、聚散的视觉效果。

（2）执行"图像→模式→灰度"，如图2-96将彩图转换为灰度图，在弹出的信息"是否要扔掉颜色信息"对话框中点击"确定"，如图2-97，得到灰度图，如图2-98所示。

图2-95

（3）执行"滤镜→像素化→彩色半调"命令，打开"彩色半调"命令对话框，设置"最大半径"为8，"通道1"为108、"通道2"为162、"通道3"为90、"通道4"为45，如图2-99所示。注意：网点半径设置数值越大，图像点化后的单位网点也越大。

图2-96

图2-97

图2-98

图2-99

（4）最终效果如图2-100所示。

图2-100

图2-101

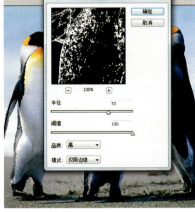

图2-102

2.4.2　计算机辅助线的构成表现技法

（1）打开图像，执行"滤镜→模糊→特殊模糊"如图2-101，在弹出的"特殊模糊"对话框中设置模糊数值"半径"为70，阈值为100，"品质"高，"模式"仅限边缘，点击"确定"如图2-102，得到如图2-103所示效果。

（2）执行"滤镜→像素化→马赛克"，如图2-104，在弹出的"马赛克"对话框中，设置"单元格大小"数值为15如图2-105，得到如图2-106所示效果。

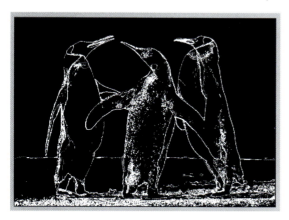

图2-103

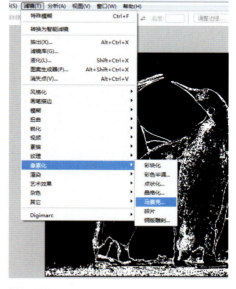

图2-104

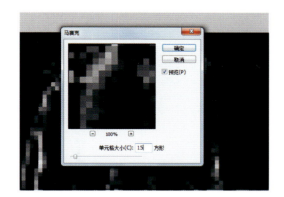

图2-105

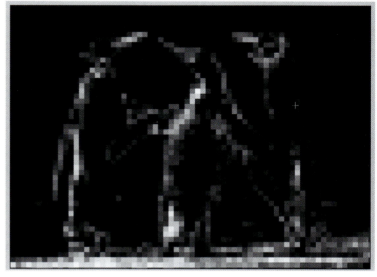

图2-106

（3）执行"图层→复制图层"或使用快捷键Ctrl+J复制当前图层，对复制的图层执行"模糊→特殊模糊"，设置"模糊半径"为40，点击"确定"如图2-107，得到如图2-108所示线的效果。

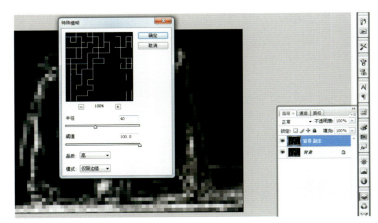

图2-107

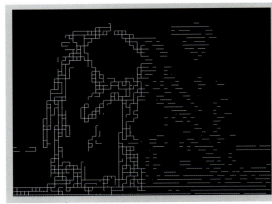

图2-108

图2-109

（4）设置当前图层为"正片叠底"如图2-109，再拼合图层即可。最终效果如图2-110。

注意：可以设置不同的模糊值和马赛克值以达到更丰富的效果。

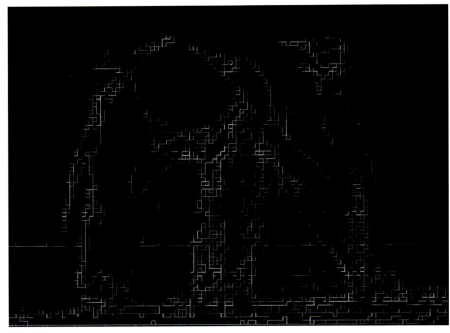

图2-110

2.4.3 计算机辅助面的构成表现技法

（1）打开软年Illustrator，首先绘制背景空间。使用"矩形网格工具"如图2-111，绘制矩形网格，矩形网格填充色为＃3F3F3F，网格采用白色描边，宽度为10pt。

图2-111

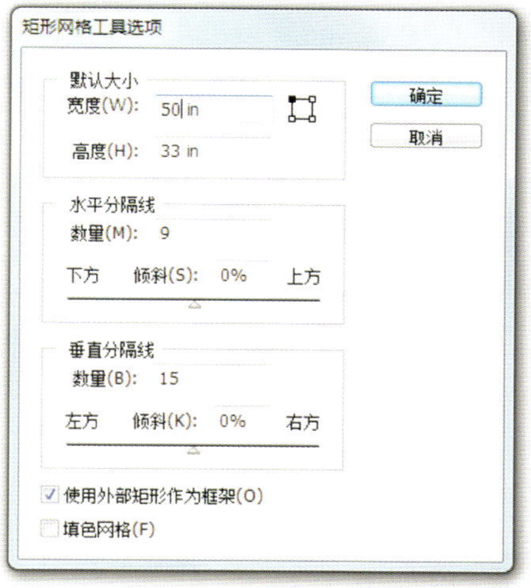

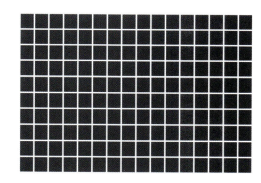

图2-112

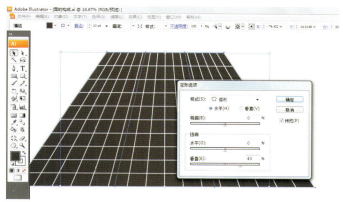

图2-113

（2）点选"矩形网格工具"，在空白画布上单击，弹出"矩形网格工具选项"对话框，设置"宽度""高度""水平分割线""垂直分割线"，数值如图2-112所示，得到矩形网格效果如图2-113所示。

（3）执行"对象→封套扭曲→用变形重置"，在弹出的"变形选项"对话框中，设置"垂直弯曲"数值为40，点击"确定"，如图2-114所示。

图2-114

（4）将该图形复制、翻转，移动并压缩长短如图2-115所示位置，再将其复制两份，旋转分别放置于左边和右边，效果如图2-116所示。

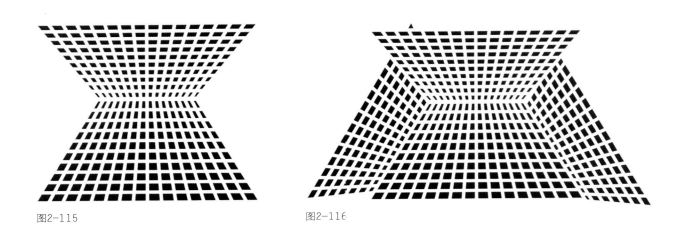

图2-115   图2-116

（5）在步骤（4）的图形上绘制正方形，如图2-117，执行"对象→裁切蒙版→建立"，或执行快捷键Ctrl+7，效果如图2-118所示。

图2-117   图2-118

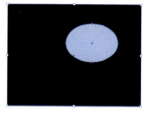

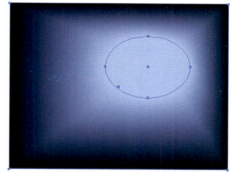

图2-119 图2-120

（6）其次绘制背景颜色。先绘制矩形色值为#3F3F3F、椭圆形色值为#9ABBFD，执行"对象→混合→混合选项"，在弹出的"混合选项"对话框中设置"间距"为"平滑颜色"，点击"确定"如图2-119所示，执行"对象→混合→建立"或执行快捷键Alt+Ctrl+B，得到如图2-120所示效果。

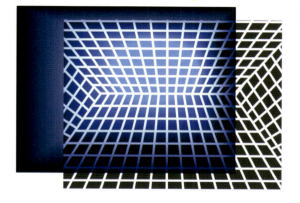

图2-121 图2-122

（7）将步骤（6）形成的混合颜色背景与步骤（5）形成网格叠加在一起，设置网格的透明度选项为"叠加"如图2-121，得到效果如图2-122所示。

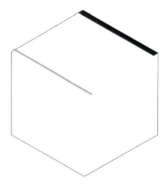

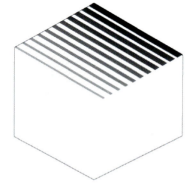

图2-123 图2-124

（8）绘制方形面。选取工具箱中的"多边形工具"，绘制一个正六边形，参照此六边形的外形，绘制出立体的三个面，首先绘制正面，采用钢笔工具绘制四边形，如图2-123所示，执行"对象→混合→创建"，设置"混合选项"的"混合步数"为10，效果如图2-124所示。

（9）如步骤（8），制作出其他的三个面，效果如图2-125所示：

（10）选择六边形，为其添加圆形渐变如图2-126，设置透明度为80%，效果如图2-127所示。

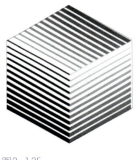

图2-125

图2-126

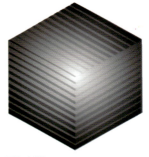

图2-127

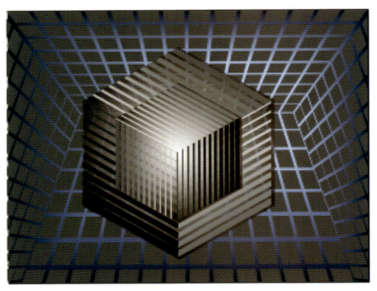

图2-128

（11）将步骤（10）所完成的图形复制、放大，并与背景放置在一起，最终得到如图2-128所示效果。

本章思考题：

（1）工业设计平面基础的基本形态要素有哪些？

（2）基本形态特征是什么？

（3）掌握基本形态在造型设计中的错视规律。

第3章 平面基础的 形式美法则

现代英国评论家赫伯特·伍德认为："所谓美，是五官知觉到的各种关系在形式上的统一。"人们在长期的生产、生活实践中积累逐渐形成的一种基本相通的共识，这种共识的依据就是客观存在的形式美法则。即使时代发展、科技进步，人们的审美意识会产生变化，可美学法则却不会变，是共同的，值得我们深入研究。

形式美，单从形式上去鉴赏研究，离开它的意义与社会性质，在应用时应把握总的原则：变化统一。形式美法则主要有以下几条：对称与均衡、节奏与韵律、对比与调和、比例与尺度。

3.1 变化统一 ▶

图3-1　　　　　　图3-2

图3-3　　　　　　图3-4

图3-1～图3-4　Ph灯系列
该系列设计作品在外形上形成完全对称的结构，并在该灯的系列设计中保持这种规范、严谨的风格，造型上采用不同尺寸的灯伞，形成大小的渐变，有较好的形式感，这样的设计可以遮住直接从光源发出的强光，以创造出一种美丽、柔和的阴影效果。一个品牌同系列产品在整体造型上改变可能很少，只是局部调整变化，这样可增加统一感、增强系列感。

"美"是形态视觉感受统一中的变化，或是变化中的统一。变化统一是形式美的基本规律，变化突出强调各部分的差异，体现出不同事物个性的千差万别和丰富多彩；统一主要表现在对整体美感的统一效果，即寻求视觉要素的内在联系、共同点或共有特征，是形态的相同和一致性。

变化要有主次之分，要为更好地表现整体效果而服务。变化的方法有很多，如形态的大小、方圆、曲直、长短、高低、粗细；结构的聚散、虚实、前后、繁简；色彩的明暗、浓淡、冷暖、深浅等。

统一可用主题来统一全局，所有造型均围绕一个特定目标来进行编排：利用线的方向形成指示形态清楚的趋同感；选择形态与大小统一的元素形成富有亲密和谐的视觉同一性；运用色相变化的统一方法，利用一色或多色的变化来控制协调主色调；采用明度聚光、明暗关系集中注意力；用色彩变化衬托主题，用鲜艳或沉着的色彩来突出重点；利用材料质地变化，形成触觉差异效果等，如图3-1～图3-4所示。变化过多易杂乱无章、涣散无序、缺乏和谐；无变化则死板无趣、缺乏生命力，变化和统一相结合才会给人以丰富多彩而又和谐完整的美感。

3.2 对称均衡 ▶

对称的形态在自然界随处可见，如人的五官、躯干四肢、鸟类的翅膀、花朵树叶等，在古今中外的艺术设计中也有大量的"对称设计"如北京故宫、中世纪哥特式教堂；现代家用电器、汽车、电子产品大多数是对称形态。

对称是指将中心两侧或多侧的形态，在位置、方向上作互为相对的构成，这种构成形式给人以规范、严谨、规整、大方、稳定的美感。

对称的形式：轴对称和中心对称。

图3-5　克利作品

均衡：均衡是一种动态的平衡，是形式美的另一种构成形式。虽然图形的左右形态处于不对称的状态，但通过力量相互牵制可获得平衡。均衡现象在自然界和生活中亦常见，挑担时，如两端货物重量不等，可把作为支点的肩膀向重的一方移近些就保持力量均衡；鸟类用两足和尾巴保持身体的平衡。均衡的形式虽以中央支点去配置两边的图形，双方在大小、形状、方向、色彩、强弱等物理量上不同，但其在感觉和心理上应是相当的。均衡打破了对称形式的静止局面，显得自由活泼、生动有趣、富有动感的美，因而均衡比对称更容易达到画面平衡的效果如图3-5克利的作品采用对称的形式。

3.3 节奏韵律 ▶

节奏和韵律是借用诗歌和音乐的概念，在音乐中，节奏是指音乐的节拍长短快慢按一定的规律出现，产生不同的音效，韵律原指诗歌中的声韵和律动，诗歌中音的高低、轻重、长短的组合，匀称的间歇或停顿，一定地位上相同音色的反复及句末、行末利用同韵同调的音以加强诗歌的音乐性和节奏感，就是韵律的运用。

约翰·伊顿在《造型与形式构成》一书中说道："所谓节奏，就像音乐节拍一样以其本身做特定的规律性的可高可低、可强可弱、可长可短的重复运动。但它也存在于不规则的连续的自由流动的运动中。伟大的力量蕴藏于任何有节奏的东西里，海水涨潮落潮的节奏给陆地的海岸线带来韵律性变化；非洲原始部落形式单纯的舞蹈节奏，昼夜不停，将人们带入一种狂热欢悦的忘我境界。"

在造型设计中所说的节奏，确切的说是一种节奏感，就是通过基本形在大小、形状、色彩、虚实、疏密的变化，排列组合产生富有强弱、曲直、动静、起伏的形态。节奏是艺术作品中所包含的一切不同要素的有次序、有规律的变化。韵律是指作品整体的气势和感觉，形态的部分与部分之间，视觉强弱有规律的连续变化时所呈现出的活力。韵律和节奏对应视觉流程的动态过程，是一种视觉心理感受，节奏是简单的韵律，韵律是节奏的丰富，如图3-6~图3-8所示。

图3-6~图3-8　阳光彩灯
（达米恩·O·沙利文（Damian O'Sullivan））
该灯基本形是36个小型太阳能电池板，基本形大小、形状、色彩相同，变化在于每个面较前一个偏移30°，形成方向上的渐变。这样的有规律的变化设计排列组合产生富有节奏、起伏的形态，呈现出次序感、韵律感，构成了一种有机的照明结构。这款灯具的能量是由太阳能转化为光能的，非常的环保。平常时我们只需要白天把它拿出来吸收太阳能，然后晚上就能带给了我们大量的光能。

图3-6

图3-7

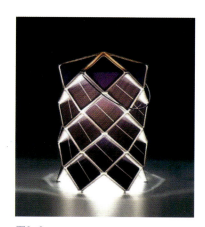

图3-8

3.4 对比调和 ▶

伊顿认为："所有的感觉产生于对比，如果没有不同质的东西比较，孤立的东西是看不见的。"正是如此，大自然即是充满对比与调和的世界。

对比是处理一对对立的矛盾体的关系，它强调了二者的差异，突出各自的特点。在造型设计中对比包括形状的对比、大小对比、元素数量对比、体量对比、方向对比、位置对比、色彩对比、层次对比、肌理对比、动静对比、虚实对比等。对比，可以形成鲜明的对照，使造型主次分明、重点突出、形象生动。

调和是缩小各种对比因素差异的"润滑剂"，它可以使对比因素互相接近或有中间的逐步过渡，从而给人以协调、柔和的美感，它强调相互内在联系，借助共性以求得和谐。

3.5 比例尺度 ▶

法国建筑师布隆代尔曾经说过，美产生于度量和比例。任何一件功能与形式完美的产品都有适当的比例与尺度关系，比例与尺度既反映了结构功能也符合人的视觉习惯。

比例是部分与部分或部分与整体之间的数量关系。美的比例是平面构图中一切视觉单位的大小以及各单位间编排组合的重要因素。如人体自身标准身长是头部的7倍，标准人体各部分之比例就是比例美的典型。

早在古希腊就已被发现为至今为止世界公认的黄金分割比1:1.618，正是人眼的高宽视域之比。恰当的比例有一种和谐的美感，成为形式美法则的重要内容。

尺度是指造型的比例与人体各部分的比例具有数的关系。产品的整体、局部的构件与人或人的习见标准、人的使用生理相适应的大小关系，即产品与人的比例关系。

与人体的尺度形成一致的造型更多的体现在家具、用具、机械、汽车等设计方面，特别是人对物的操作，使用时的人机尺寸关系，只有与人体尺度相协调的物品最能符合人的生理、心理需要。

比例与尺度的关系是相辅相成的，在一定程度上体现出均衡、稳定、和谐的美学关系。

3.6 形式美法则的应用 ▶

课题简述:

形式美法则是一切艺术形式的最基本法则,它体现了生活和自然界中美的基本规律,尤其对于视觉艺术专业的学生来说更是重中之重。

课后练习之一:

分别以"变化"和"统一"为主题,任选构成元素,完成构成作业两张,尺寸为20cm×20cm。

课后练习之二:

分别以"对称"和"均衡"为主题,任选构成元素,完成构成作业两张,尺寸为20cm×20cm。

课后练习之三:

分别以"节奏"和"韵律"为主题,任选构成元素,完成构成作业两张,尺寸为20cm×20cm。

体现形式美法则作品赏析(图3-9～图3-14)

图3-9 统一

图3-10 变化

图3-11 对称

图3-12 均衡

图3-13 韵律

图3-14 节奏

图3-15
该作品采用海豚顶球作为基本形态，跳跃的海豚自身弧线富有动感，与起伏曲面线相呼应，画面活泼，极富韵律感。

3.7 形式美法则的构成
设计赏析

图3-16～图3-27是形式美法则的构成作业，其中图3-16与图3-17该作品以线条作为主要表达手段，自由的弧线形态与几何形圆形、星形构成一定的形状对比，虽然黑白对比较为强烈，但由于图形的穿插起到了一定的调和作用。图3-18画面左右各有一个聚点，从聚点发射出的线条形成交错的空间，直线与圆形成强烈的对比，形体之间形成穿插层次关系，既丰富了画面效果又在对比中寻找着细微的调和，以变化和统一为主题的构成作品，画面内容丰富而富于变化，构图及画面节奏的把握很好。图3-19这幅作品中线条的穿插层次关系，灰色调为主的画面明暗对比并不十分强烈，强调画面韵律的表达和节奏变化。图3-20这幅作品中圆滑的曲线使画面富有均衡感，大小不一的圆点和强烈的黑白对比丰富了画面效果。图3-21这幅作品在主题突出的基础上又体现出黑白灰的对比，面的分割极大地丰富画面效果。图3-22这幅作品以线条为主要表达手段，画面上部分自上而下的渐渐变细的直线构成强烈的空间，明月下面是自由曲线表现的海面波涛，几个大小渐变的圆点使得画面活泼而丰富，体现了自然韵律感，画面简洁，节奏感强。图3-23该作品采用点、线、面为主要表达手段，自远而近形成一定的空间远近对比、大小对比。图3-24这幅作品是受到自然界的启发，画面上方和下方粗细线条形成空间感，主体明度与背景明度之间对比强烈，画面中有机形的曲线类似随波摆动的水草与主体三角形的面构成强烈的对比，形体差距较大。图3-25这幅作品画面中线条有规律的曲直起伏，视线自上而下流动，主要强调画面韵律的表达和节奏的变化。

图3-16 变化统一

图3-17 变化统一

图3-18 变化统一

图3-19 韵律节奏

图3-20 韵律节奏

图3-21 对称均衡

图3-22 韵律节奏

图3-23 变化统一

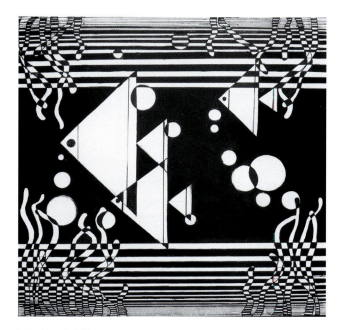

图3-24 变化统一

图3-25 韵律节奏

图3-26　对称均衡

图3-26这幅作品主要强调线条粗细的对比，通过形体之间的覆盖与穿插，以及用纤细的线条构成的灰面在黑、白面之间进行细微的调和。

图3-27这幅作品受到风景的启发，尖锐向上的三角形面与水平方向的线条形成方向对比，跳跃的圆点的穿插起到了调和的作用

本章思考题：

(1) 形式美法则总原则是什么？
(2) 形式美法则的概念。
(3) 形式美法则在造型设计中的基本规律。

图3-27　对称均衡

第4章 平面基础的表现形式

4.1 基本形与骨骼 ▶

图4-1 基本形　　图4-2 基本形

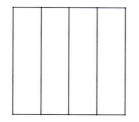

图4-3 重复骨骼

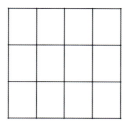

图4-4 重复骨骼

4.1.1 基本形

基本形是由一组相同或相似的形状组成的基本单位。基本形是构成图形的基本单位，它不宜过于复杂，以简单的几何形为主，一个圆点、一个方形、一条线段、偶然形、文字符号都可以作为基本形，如图4-1、图4-2所示。

4.1.2 骨骼

骨骼是图形构成的框架、骨架，是组织元素的方法，如蜂巢、叶子脉络、蜘蛛网。骨骼可以是有形的格子，也可是无形的线或框，它可将基本形在此框架内作各种不同的编排，使基本形有秩序地进行排列，使形与形、形与空间的关系易于控制。

骨骼按规律性分类：规律性骨骼、非规律性骨骼；按表现形式分类：有作用性骨骼、无作用性骨骼。

1. 规律性骨骼

规律性骨骼是指以严谨的数学逻辑方式构成骨骼线，基本形依据骨骼排列，具有强烈的秩序感，一般含有重复、近似、渐变、发射四种组合方式。如图4-3～图4-12所示。

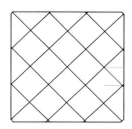 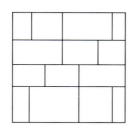 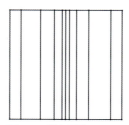 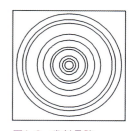

图4-5 重复骨骼　　图4-6 近似骨骼　　图4-7 渐变骨骼　　图4-8 发射骨骼

图4-9　重复构成

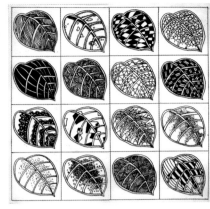

图4-10　近似构成

图4-11　渐变构成

图4-12　发射构成

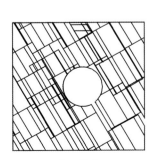

图4-13　特异骨骼

图4-14　特异构成

2. 非规律性骨骼

非规律性骨骼是指没有严谨的骨骼线，构成方法自由活泼、灵活多变的特点，如特异非规律性骨骼,在骨骼单元绝大多数有规律变化的基础上,少数在形状、方向、大小、位置上特殊变化。如图4-13、图4-14所示。

3. 有作用性骨骼

有作用性骨骼是指给基本形固定空间，基本形受到骨骼线控制的骨骼构成形式，有作用性骨骼使每个单元的基本形必须在骨骼线内，基本形在骨骼中可以自由变换位置、方向、形状、大小、数量、角度、肌理或设置不同形象，如图4-15、图4-16所示。

4. 无作用性骨骼

无作用性骨骼对基本形的作用是潜在的，是隐藏在图形与空间中的骨骼。它不出现在设计中，不会影响基本形的形象，也不会分割空间，当基本形大于骨骼单位时，会产生基本形相连的组合变化效果。如图4-17、图4-18所示。

图4-15　有作用性骨骼

图4-16　有作用性骨骼

图4-17　无作用性骨骼

图4-18　无作用性骨骼

重复的概念：

相同或近似的形态和骨骼连续地、有规律地、有秩序地反复出现叫作重复。设计中运用重复的手法呈现和谐统一、富有整体感的效果，可以加深观者印象。

1. 基本形的重复

基本形的重复是指在构成设计中连续不断地使用同一元素，它可以是一个形体反复排列或是由两个或两个以上形体一组反复排列，这样可以使设计产生绝对和谐统一的感觉，如图4-19与图4-20所示。

2. 骨骼的重复

骨骼的重复是指骨骼每一单位的形状和面积均完全相等，重复骨骼是规律骨骼的一种，这种排列力求整体形象的完美，力求形象之间的重复和有秩序的穿插关系，如图4-21与图4-22所示。

图4-19 基本形重复

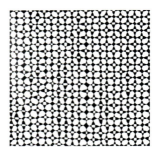

图4-20 基本形重复

图4-21 骨骼重复

图4-22 骨骼重复

4.2.2 近似构成

近似构成是指基本形经过轻微变异而形成的形态的构成。基本形的形象局部变化又不失大致相似的特点，基本形近似指的是基本形在形状、大小、色彩、肌理等方面有着共同的特征，统一中有变化但画面不能出现雷同；基本形重复则要求重复的基本形都相同，变化只限于方向上的变化。

近似的程度有很大的灵活性，相同的因素越多，效果就越统一，反之则产生的对比效果越强。

近似与重复相比较，重复使画面产生极强的统一感，而近似则在统一中寻求变化，如图4-23～图4-27所示。

图4-23 海报展览（龟仓雄策）该设计采用三角形图案为主要元素，在形式上不断重复并有大小变化和颜色变化，形成纵深的空间感。

图4-24 近似构成

图4-25 近似构成

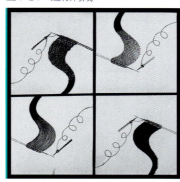

图4-26 近似构成

图4-27 近似构成

4.2.3 发射构成

发射具有渐变的效果，是由一个或多个中心点向内聚集或向外发散。发射是一种特殊的重复，骨骼和基本形作有序的变化。自然界中如光芒四射、水花飞溅、爆炸等有能量、有张力。

构成发射有两个因素：①发射点。即发射中心、焦点。发射点可以是一个也可以是多个，在画面内也可在画面外。②发射线。即骨骼线，它可以是离心、向心或同心，也可是直线、曲线或折线。

发射骨骼有三种：中心点发射、螺旋式发射、多心式发射。

中心点发射：基本形由中心向外扩散，发射点位于画面中心，或由四周向中心归拢，发射点在画面外。发射的骨骼可以是直线或曲线，直线发射给人以强有力的、闪电的效果，曲线发射则由于发射线方向的变化给人以柔和多变的运动效果。如图4-28、图4-29、图4-31、图4-32所示。

图4-28 向心发射

图4-29 离心发射
中心点发射包括向心发射和离心发射两种形式，图4-28为向心发射，图4-29为离心发射。

图4-30 1972年奥林匹克运动会标志（奥托·艾歇尔（Otl Aicher））
该标志采用螺旋式发射，基本形旋绕着并逐渐扩大。

图4-31 中心点发射

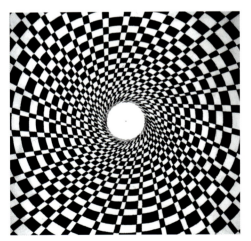

图4-32 中心点发射

螺旋式发射：基本形由以旋绕的方式排列，旋绕的基本形逐渐扩大形成螺旋式发射，如图4-30～图4-36所示。

多心式发射：基本形以多个中心为发射点，形成丰富的发射集团，这种构成效果具有明显的起伏状，空间感也很强，如图4-37、图4-38所示。

发射骨骼可以独立构成画面，也可以运用基本形，如用基本形，则骨骼不能过于密集，基本形不能过于复杂，避免画面拥挤。

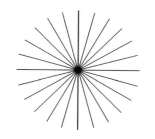

图4-33 发射是中心对称的形式

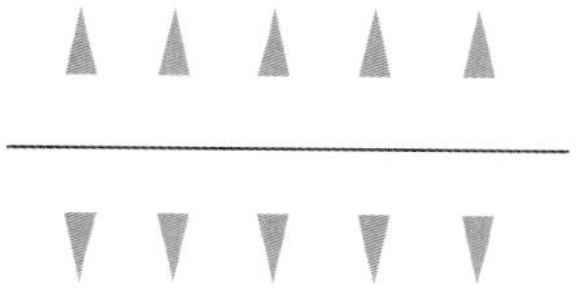

图4-34 以线为轴发射

图4-35 螺旋式发射

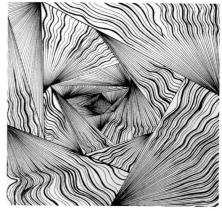

图4-36 螺旋式发射

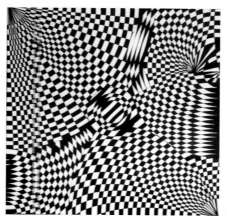

图4-37 多心式发射

图4-38 多心式发射

4.2.4 渐变构成

渐变是一种符合发展规律的自然现象，如水中的涟漪、生命的消长、近大远小的透视现象。渐变是形态连续的、有规律的变化，着重表现变化的过程，会产生强烈的透视感和空间感，是一种有顺序、有节奏的变化。

渐变的形式是多方面的，形象大小、疏密、粗细、距离、方向、位置、层次，色彩的深浅、明暗，声音的强弱等。

渐变的类型有以下几种：

（1）大小渐变：形象由大到小或由小到大的序列变化，可产生空间感和运动感。如图4-39所示。

（2）形状渐变：由一个形象逐渐变化成为另一个形象。形象可以压缩、削减、移动或两形共用一个边缘等，方法由完整渐变到残缺、由简单渐变到复杂、由具象到抽象。如图4-40～图4-43所示。

（3）方向渐变：基本形的方向、角度的变化。

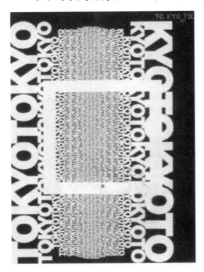

图4-39 杉崎真之助作品

图4-40 形状渐变

(4) 位置渐变：基本形在骨骼单位内的位置作有序的变化，超出骨骼部分会被切掉。

(5) 色彩渐变：基本形的色相、明度。纯度渐次变化，产生有层次的美感。

(6) 骨骼渐变：骨骼线有规律的变化，由于骨骼线在垂直方向、水平方向的序列渐变或错位移动、弯曲、阴阳转换使基本形在形状、大小、方向、虚实的改变，产生特殊的、眩目的效果，如图4-44所示。

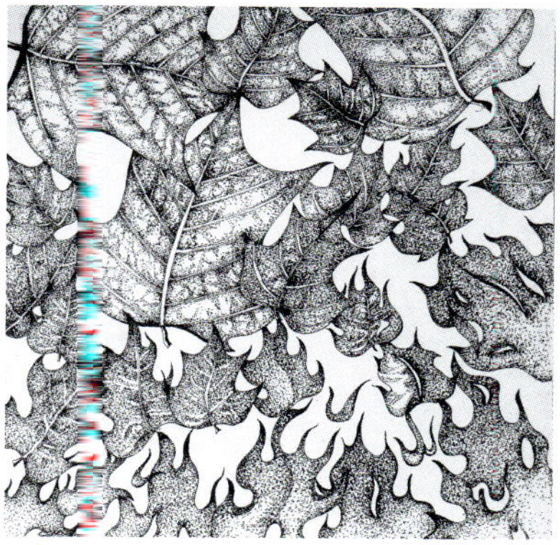
图4-41 形状渐变

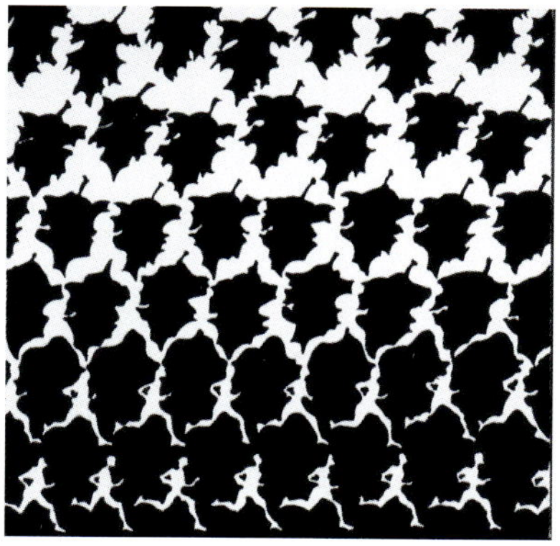
图4-42 形状渐变

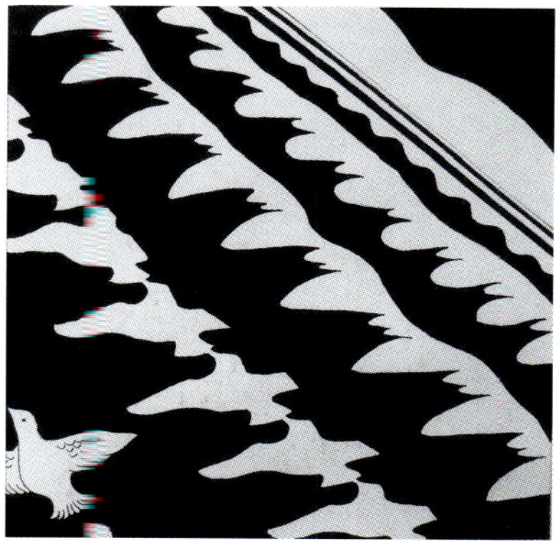
图4-43 形状渐变

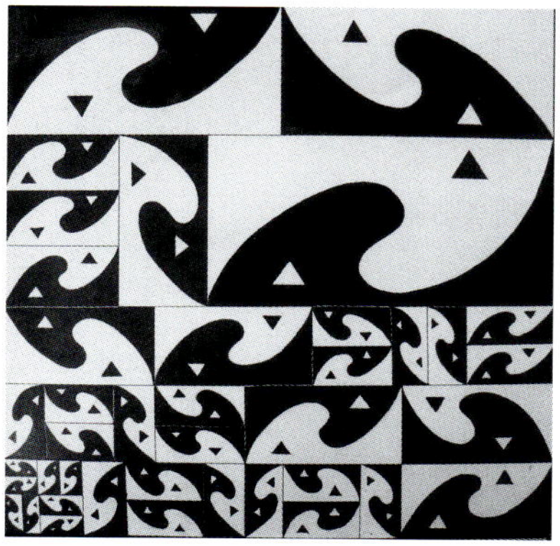
图4-44 骨骼渐变

4.2.5　特异构成

特异构成是指在规律性骨骼和基本形的构成内进行的个别骨骼或基本形的变异，来突破规律的单调感的构成形式。这种特异是相对的，是在保证整体规律的前提下，局部有意不符合规律甚至相逆反，鲜明的反差易引起人们的心理反应，刺激视觉，造成动感、增加趣味，形成生动活泼的视觉效果。

特异构成的类型：
形状特异、大小特异、色彩特异、方向特异、肌理特异。如图4-45～图4-49所示。

图4-45　东京文化节作品展海报（龟仓雄策）
在众多五彩射线状的抽象图案中，突然出现云彩的具象图案,成为视觉的焦点。

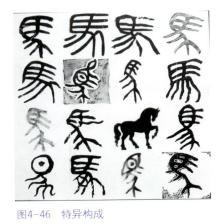

图4-46　特异构成

图4-47　特异构成

图4-48　特异构成

图4-49　特异构成

4.2.6 空间构成

在平面中，通过形象大小、位置、方向等因素的作用产生空间感，这种空间感是一种深度感的感觉，即在平面中使人产生立体的幻觉，而并非真正的空间，其本质还是平面，如图4-50所示。

图4-50 相对性（埃舍尔）
在这幅作品中，三个完全不同的世界构成了一个统一的整体。画面中出现的十六个小人可以分成三组，每组小人都生活在自己的世界里。而且对于所选定的任何一组小人，他们的世界都是这幅作品所画的全部内容；其中一组的天花板，可能是另一组的墙；一组认为是门的东西，另一组可能认为是地板上的活动门。

如何在只有长和宽的二维空间中表现空间感，空间构成的形式有以下几种：重叠排列、近大远小、投影效果、弯曲变化、透视效果、肌理变化、面的连接、矛盾空间，如图4-51所示。

（1）重叠排列：一个形覆叠在另一形之上，产生前后关系，形成空间层次感。如图4-51（a）所示。

（2）近大远小：根据透视的近大远小的原理来形成空间感。如图4-51（b）所示。

（3）投影效果：投影会使物体产生立体感。如图4-51（c）所示。

（4）弯曲变化：图形的弯曲渐变会产生起伏的前后距离感。如图4-51（d）所示。

(a)　　　　　　　　　　(b)　　　　　　　　　　(c)

(d)　　　　　　　(e)　　　　　　　(f)

(g)　　　　　　　(h)
莫比乌斯带（埃舍尔）

图4-51　空间构成的形式

（5）透视效果：在真实空间中，当可以同时看到物体的三个面时就会产生立体感。如图4-51（e）所示。

（6）肌理变化：物体粗糙的表面可以产生远近距离感。如图4-51（f）所示。

（7）面的连接：如正方体、圆柱体等由面的连接形成空间效果。如图4-51（g）所示。

（8）矛盾空间：矛盾空间在现实中不可能存在，它的形成是故意违背透视原理，有意制造矛盾的结果。矛盾空间的视点是多变的，可以从多个角度进行观看，但却不能立即找出其矛盾之处，从而引发观者的兴趣，增加作品的张力和视觉冲击力。如图4-51（h）、图4-52～图4-55所示。

图4-52为埃舍尔的作品《画廊》，在画面的右下角是画廊的入口，一场画展正在进行，向左，有一位年轻人正站在那儿看着墙上的一幅画。在墙上的这幅画中，他可以看见一艘船，再往上，也就是整个画面的左上角，是码头沿岸的一些房子。再向右移，这排房子继续延伸，延伸到画面的最右侧，再往下，会发现角落里有一座房子，房子的底部有一个画廊的入口，画廊里正在举办一场画展，而这位年轻人其实正站在他所观看的那幅作品之中！

图4-52　画廊（埃舍尔）

图4-53《魔带立方体》这幅作品的核心主题是两个交叉成直角的椭圆，其边线由于加宽而变成了条带。四个半椭圆条带中的任何一个，看起来都可能既朝向观众又远离观众，每个交叉点也都有四种不同的可能性。条带上的装饰物可以看作是中有小洞的外凸半球，也可以看作是中有半球的圆形凹陷。

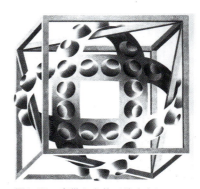

图4-53　魔带立方体（埃舍尔）

图4-54与图4-55《高与低》是埃舍尔优秀的矛盾空间作品。从下往上看时，视线沿着廊柱和棕榈树的曲线达到画面中心的暗黑的地砖上，再往上看，视线不自主的沿着廊柱向上，停在浅色石拱门的左侧；如果再从上往下看，也会体验到这种飞翔一般的感觉。

所有的主线条都从中央出发呈扇形张开，又回到中央。铺砖的底面，同时也是天花板一共出现了三次，在底部作为底面、在顶部作为天花板、在中间则既作地面又作天花板。右边的塔的上与下之间的张力最为剧烈，中间偏上一点的是窗户，倒过来再下；中间偏下一点也是窗户，朝上，如图4-54所示。埃舍尔只是把同一个画面使用两次，就达成了惊人的统一。

图4-54　高与低（局部）

图4-55
高与低（埃舍尔）

4.2.7　肌理构成

图4-56　叶脉肌理

图4-57　石头肌理

大自然中事物有万千种变化，也就有万千不同的外表肌理形态，不同的外表肌理传达着不同的感受。视觉将实实在在的形体采集的信息传递给大脑，一些材料的外观固有特性，很容易通过视觉传递信息。每一个设计最终都要落实到材料的应用上。不同的材料由于各自不同的成型工艺而形成自身的形态特征。对于造型设计来说，设计的功能、结构、外形和肌理等均是需要一定的材料才能实现的。黄金贵重的外表、水泥粗糙的纹理、竹藤材料天然而亲切等，人对质的感觉大多产生于材料表面，所以说肌理是质感的最主要特征，如图4-56、图4-57所示。肌理指的是物体表面的组织构造，通过触觉和视觉进行感受，如金属氧化、木纹、纸面绘制、印刷出来的图案及文字等。肌理这种物体表面的组织构造，具体入微地反映出不同物体的材质差异，它是物质的表现形式之一，体现出材料的个性和特征，是质感美的表现。

按照人的生理和心理感觉，质感可分为触觉质感和视觉质感。触觉质感是靠手和皮肤的接触而感知的物体表面的特征。视觉质感就是靠眼睛的视觉而感知的物体的表面特征。是触觉质感的综合和补充。触觉的体验愈多，对于已经熟悉的物面组织，只凭视觉就可以判断它的质感，无须再靠手与皮肤直接的感触。利用这一点，可以利用各种面饰工艺手段，以近乎乱真的视觉质感达到触觉质感的错觉。比如，在工程塑料上烫印铝箔呈现金属质感，在陶瓷上真空镀上一层金属，在纸材上印制木纹、布纹、石纹等，在视觉中造成假象的触觉质感，这在工业造型设计中应用较为普遍。

肌理构成是强调不同肌理的视觉美感表现，在注重不同肌理的相互对比的同时，注重对肌理的了解和认识过程。肌理构成的方法：肌理的表现手法多种多样，可以用钢笔、毛笔、圆珠笔、炭笔、水彩笔、蜡笔、铅笔等描绘勾画不同的肌理，也可用较为特殊的手段如熏烤、拓印、摩擦、喷绘、浸染、冲淋、腐蚀、堆贴、剪刻、撕裂、渲染等，如图4-58所示。

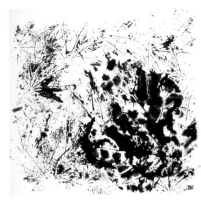

图4-58　叶脉肌理拓印

4.3 平面基础形式在造型设计中的应用 ▶

当代科技发展飞速，对产品形态设计提出更高的要求，产品形态设计不能仅停留在物理体积建构、技术制造、使用功能上，还应具备美的感染力，从而得到美的享受，所以有意识地运用构成的基础形式如重复构成、特异构成、渐变构成、肌理构成等构成形式来表达产品的美学特征及价值取向，使使用者从内心情感上与产品取得一致和共鸣，也使产品更富有生命力（图4-59～图4-76）。

图4-59～图4-62　"迷惑"酒架（吉昂·达根）
这个设计作品有趣之处在于它采用构成中的单元形和重复构成的形式，每一个单元可以互相咬合在一起，生成使用者所希望的酒架尺寸，每个单元有两个安装点，可以放置九个酒瓶。

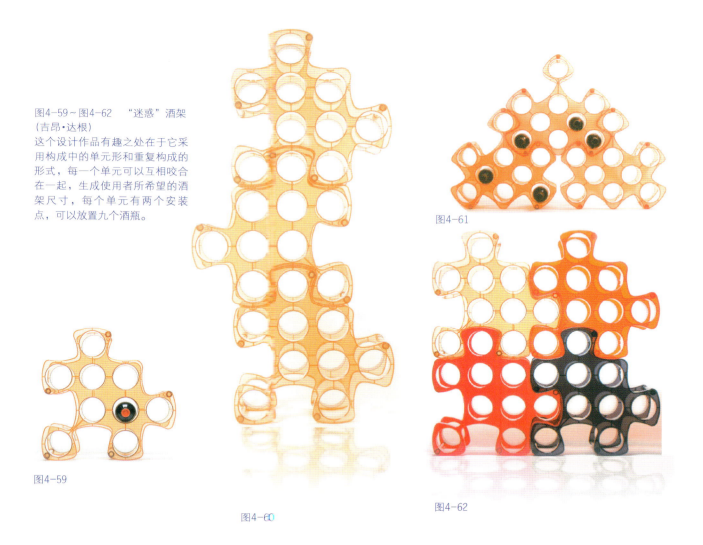

图4-59

图4-61

图4-60

图4-62

图4-63 Tip-top（尤根·葛迈戈德
（Jorgen Gammelgaard））
灯罩造型简单采用重复构成的方式，该
设计独特性在于灯内有防眩光的装置。

图4-63 Tip-top

图4-64 奶瓶灯

图4-64 奶瓶灯（特茹·雷米（Gejo Re-
my））
该设计采用不锈钢、标准奶瓶和灯泡制
成，奶瓶重复构成以12个为一组，四排
三列，和谐统一、富有形式感。

图4-65 "隐藏"日历（吉恩·皮埃尔·
维塔克（Jean Pierre Vitrac））
这个不同寻常的日历特别之处在于其数
字的"隐藏"性之中，只有通过放置塑
料游标，每个数字才能从其他数字中凸
显出来，形成特异构成的效果。

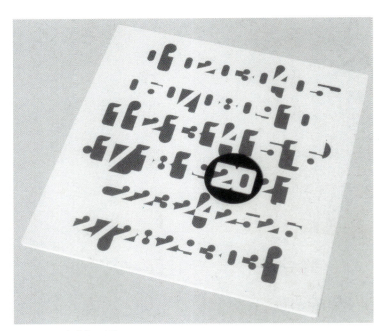

图4-65 "隐藏"日历

图4-66、图4-67
Gemini烛台（彼得·卡夫）
该设计作品采用重复构成的
形式，使用者可以按需要自
己组合单元形以形成功能性
的烛台。

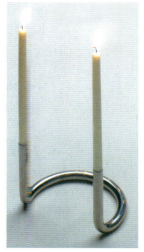

图4-66 Gemini烛台（局部） 图4-67 Gemini烛台

图4-68 Shelflife

图4-68 Shelflife（查尔斯·特里维廉（Charles Trevelyan））
这个产品正立面属于特异构成，整合了不同比例
的架子，但在架子下部结构中融合了一把椅子和
一个工作台 这一部分成为特异形态，成为人们
视觉中心，着添了产品的情趣性。

图4-69　Super Elastica椅

图4-69、图4-70
Super Elastica椅（马可·詹·Jr和吉赛比·罗伯尼）
这款椅子采用藤条材料设计，材料绿色环保，给人亲切之感。

图4-70　Super Elastica椅（局部）

图4-71、图4-72
昆虫桌
该设计图案采用昆虫爬过的轨迹，创造出具有装饰性的图案。

图4-71　昆虫桌（局部）

图4-72　昆虫桌

图4-73　杂志椅（耶利米·塔索林）
该设计作品将杂志以中心点向外折叠并粘贴在一起，从上俯视该作品形成从中心向外发射的有趣设计。

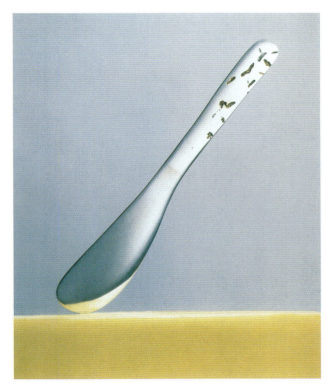

图4-74　咬痕刀（耶利米·塔索林）
这款设计是一只带有着咬痕肌理装饰的黄油刀，这样的肌理带给人牙印般的印象。

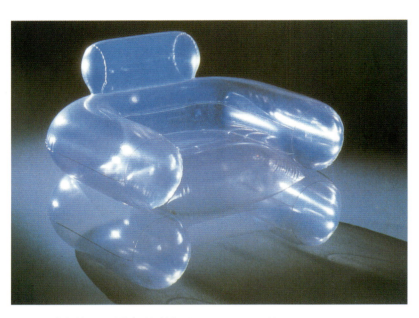

图4-75　充气椅子（乔纳森·德·帕斯（Jonathan De Pas））
这种PVC塑料材质的椅子无缝密封，轻盈通透，在运输过程中不似传统板材家具般占用空间，在搬运时只需简单的放气再折平即可，该设计便宜、幽默、有趣而又可以随意使用。

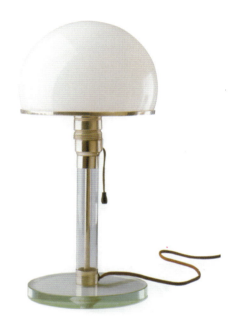

图4-76　包豪斯桌灯（卡尔·朱克尔（Karl J. Jucker）与威廉·瓦根菲尔德（Wihelm Wagen-feld））
这款设计体现了惊人的现代感，是包豪斯金属工作室最简洁、最成功的灯具之一，乳白的透明玻璃灯罩，金属质地的支架，同时其几何造型零部件十分适用于大批量工业生产，在设计选材时运用包豪斯的现代主义思想，表现了新艺术的传统风格。

4.4 平面基础的表现形式 ▶
——重复构成与近似构成
训练课题

课题简述：

重复构成与近似构成是平面构成中较为常用的表现形式，在视觉设计中也是常用的表现手段，重复构成能够形成统一的富有规范性的视觉感受，起到强调的作用，近似构成在统一的基础上又富于变化，生动有趣。

课后练习：

任选基本形，采用白色、黑色绘制重复骨骼构成形式与近似骨骼构成形式。

图4-77　重复构成

图4-78　重复构成

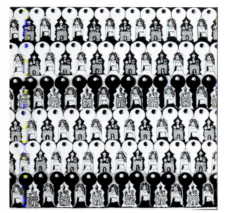

图4-79　重复构成

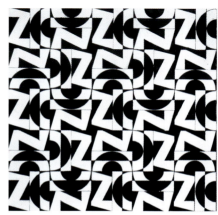

图4-80　重复构成

图4-77～图4-80为重复构成作品，富有强烈的统一感，图4-81～图4-90为近似构成作品，其中图4-81这幅作品采用骨骼上的重复，在单元形的基础上进行加减、方向等变化，由左上角的散乱排列直至右下角的最终拼成一幅完整的作品，单元形的变化强弱合理，在统一的基础上产生趣味感。图4-82的设计作品采用萨克斯演奏者的剪影形象作为单元形，在第二行的第二个剪影与其他单元形产生方向上的变化。图4-83与图4-84这两幅作品采用规则的骨骼，单元形产生正负、肌理的变化。图4-85的作品采用五行五列的骨骼，单元形则有方向、肌理、黑白、正负的变化。

图4-81　近似构成

图4-82　近似构成

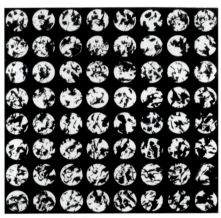

图4-83　近似构成

图4-84　近似构成

图4-85　近似构成

图4-86 近似构成

图4-87 近似构成

图4-88 近似构成

图4-89 近似构成

图4-90 近似构成

4.5 平面基础的表现形式 ▶
——发射构成训练课题

课题简述：发射有方向的规律性，它的构成形式有较强的动感和节奏感。

课后练习：任选基本形，采用白色、黑色绘制发射骨骼构成形式。
发射成成赏析（图4-91～图4-100）。

图4-91　发射构成

图4-92　发射构成

图4-93　发射构成

图4-94　发射构成

图4-95 发射构成

图4-96 发射构成

图4-97 发射构成

图4-98 发射构成

图4-99 发射构成

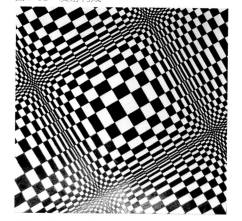

图4-100 发射构成

4.6 平面基础的表现形式 ▶
——渐变构成训练课题

课题简述：

从一种形象渐变到另一种形象的形象渐变是渐变的一种，通过渐变的转化过程锻炼形象思维能力和处理图形的能力。

课后练习：

任选形象，采用白色、黑色绘制渐变构成形式。

图4-101～图4-103渐变构成为形象渐变，图4-101从老虎渐渐变为鱼，图4-102则从鱼变化到猫，图4-103从枫叶渐变到蝴蝶形态的渐变经过6个或6个以上的过程，画面效果控制较好。

图4-101 渐变构成

图4-102 渐变构成

图4-103 渐变构成

4.7 平面基础的表现形式 ▶
——特异构成训练课题

课题简述：特异构成在保证整体规律的前提下的个别骨骼或基本形的变异，局部突破规律的单调，形成鲜明的反差以增加趣味，形成刺激的视觉感受。

课后练习：任选形象，采用白色、黑色绘制特异构成形式。

图4-104　特异构成

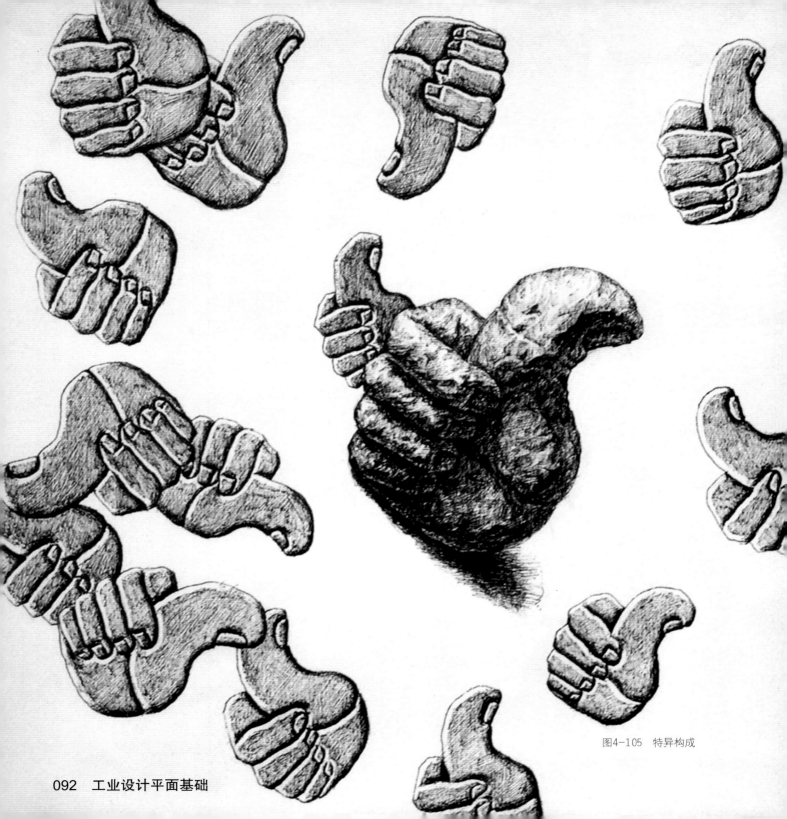

图4-105 特异构成

图4-104～图4-116为特异构成表现形式，其中图4-106该作品对基本形的肌理进行变化，产生对比，使观者在视觉上产生刺激，得到生动活泼效果。

图4-107该作品在色彩上产生变化，形成视觉焦点。

图4-108与图4-109这幅作品在色彩上产生变化，在同类色彩构成中加入对比成分，打破单调。

图4-110该设计作品以和平鸽为主题，特异的部分在形态大小和形状产生变化，有冲破阻碍的感觉，视觉效果较好。

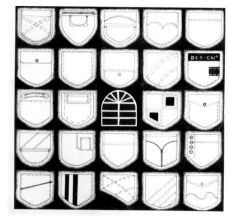

图4-108　特异构成

图4-106　特异构成

图4-109　特异构成

图4-107　特异构成

图4-110　特异构成

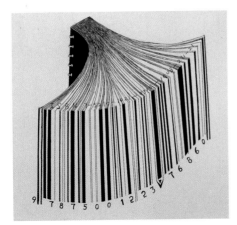

图4-111　特异构成

图4-112　特异构成

图4-113　特异构成

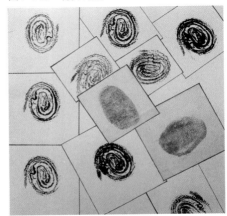

图4-114　特异构成

图4-115　特异构成

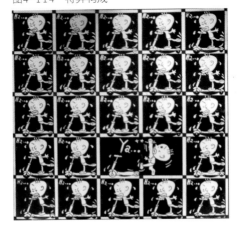

图4-116　特异构成

4.8　平面基础的基本元素 ▶
——空间构成训练课题

课题简述：

空间构成是培养空间想象力的有效手段，通过空间构成的训练能够开阔设计思路，形成良好的空间感，丰富视觉效果。

课后练习：

采用线的长短变化、疏密变化、角度变化、方向变化和面的色彩变化、大小变化、投影变化、面的连接等方法表现画面的空间效果。尺寸20cm×20cm，黑白效果。

空间构成赏析（图4-117～图4-127）。

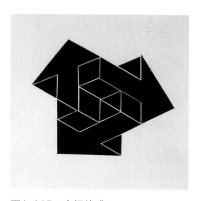

图4-117　空间构成

图4-118　空间构成

图4-119　空间构成

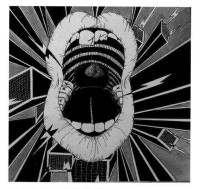

图4-120　空间构成

图4-121　空间构成

图4-122　空间构成

图4-123　空间构成

图4-124　空间构成

图4-125　空间构成

图4-126　空间构成

图4-127　空间构成

4.9 平面基础的基本元素 ▶
——肌理构成训练课题

课题简述：肌理构成是现代设计中较为常用的设计手段，肌理源于自然，带有绿色气息，它与现代设计的巧妙结合能使设计产品带有更多的温情。

肌理制作要求工整细致，充分体现肌理的美感。

课后练习：运用不同的手法表现四种不同的视觉肌理效果。尺寸20cm×20cm，黑白效果。

肌里构成赏析（图4-128～图4-131）。

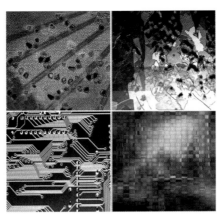

图4-128 肌理构成

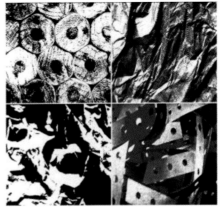

图4-129 肌理构成

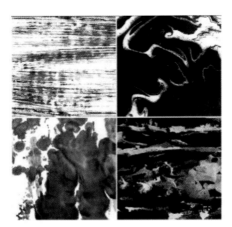

图4-130 肌理构成

图4-131 肌理构成

(1) 打开Illustrator，新建10cm×10cm的空白图像，如图4-132所示。

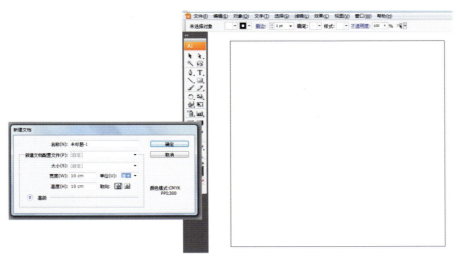

图4-132

(2) 点选工具栏中的网格工具，在空白画布上单击，在弹出的"矩形网格工具选项"对话框设置网格"长度"和"宽度"为10cm，"水平分隔线"和"垂直分隔线"为5，如图4-133所示。点击"确定"效果如图4-134所示。

图4-133

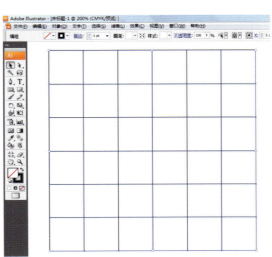

图4-134

（3）执行"窗口→符号"，打开"符号"面板，如图4-135所示点击"符号"面板右上角向下的三角形，在弹出菜单中点击"打开符号库"，如图4-136。将"徽标元素"中的"跑步者"符号拖曳到网格中，效果如图4-137、图4-138所示。

图4-135

图4-136

图4-138

图4-137

（4）将该符号复制到水平网格第一行最后一个（图4-139），并执行"对象→混合→建立"，在弹出的"混合选项"面板中，设置"间距→指定步数"为4，效果如图4-140所示。

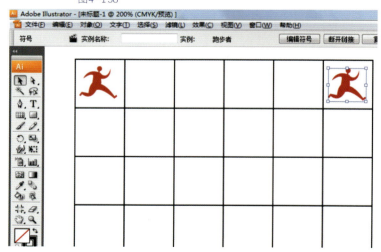

图4-139

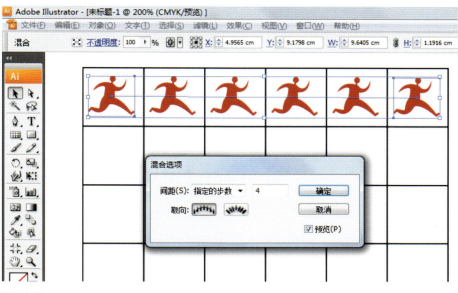

图4-140

(5) 将混合后的符号复制，得到最终效果如图4-141 所示。

图4-141

图4-142

4.10.2 近似构成

（1）打开Illustrator软件，新建10cm×10cm空白文件，选择"矩形网格工具"，在空白画布上单击，在弹出的"矩形网格工具选项"对话框中设置"宽度"和"高度"为10cm、"水平分隔线""垂直分割线"为3，效果如图4-142所示。

（2）本实例采用指印为主要创意元素，将印有指印的图样扫描或拍照，在Photoshop中执行"图像→调整→去色"与"图像→调整→对比度"命令，保存图片，再将处理好图片导入Illustrator中"文件→置入"，效果如图4-143、图4-144所示。

图4-143

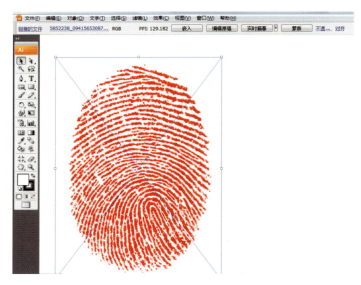

图4-144

（3）将指纹图片转换为矢量文件。点击步骤（2）中置入的图片，执行"对象→实时描摹→建立"，如图4-145、图4-146所示；再执行"对象→扩展"，如图4-147，在弹出的"扩展"选项对话框中，勾选"对象"和"填充"两项，如图4-148所示点击"确定"，即把该图片转换为矢量，其他指纹制作方法以此为例，效果如图4-149所示。

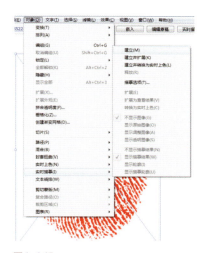

图4-145

图4-146

图4-147

图4-148

图4-149

（4）制作好的指纹拖入网格之中，并将指纹存储为符号，打开符号面板，选择一个指纹，点击符号面板中的"新建符号"图标或将制作好的指纹移至符号面板之中，如图4-150，在弹出的"符号选项"面板中设置"类型"为"图形"，效果如图4-151所示。

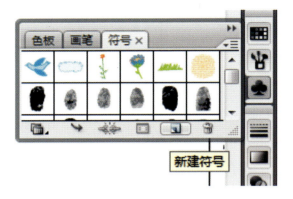

图4-150

图4-151

（5）再将所有做好的矢量指纹制作为指纹符号，如图4-152，点击"符号"面板右上角的倒三角形 ，在弹出菜单中选择"存储符号库"便可将指纹符号存储，日后使用时，点击"打开符号库"即可，如图4-153所示。

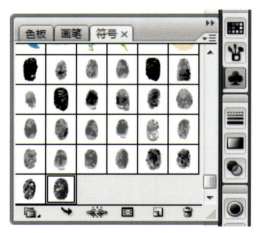

图4-152

图4-153

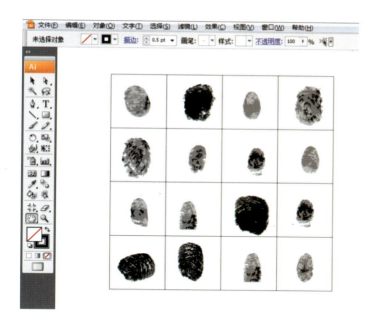

图4-154

（6）从"指纹符号库"中将指纹置入步骤（1）做好的网格中，效果如图4-154所示。

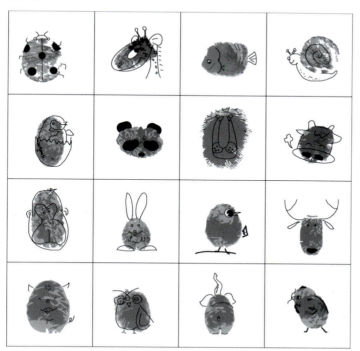

图4-155

（7）再使用"铅笔工具"为指纹添加线条来制作卡通图案，卡通图案的绘画过程因为更多是依靠绘画的功底和软件的熟练程度，而没有太多的制作技巧，绘画步骤此处从略，最终效果如图4-155所示。

4.10.3　发射构成

（1）打开软件Photoshop，新建20cm×20cm空白文件，如图4-156所示，新建图层1如图4-157，点击  "矩形工具"绘制正方形，在屏幕左上角矩形工具属性栏中设置矩形工具模式为"填充像素"，点击"模式"前三角形 矩形工具 模式 设置"矩形选项"中的"固定大小""宽"与"长"均为1.5cm如图4-158，绘制矩形块，如图4-159所示。

图4-156

图4-157

图4-158

图4-159

（2）执行"编辑→变换→透视"，将矩形方格变换为三角形，再将该图层复制3次，移动位置形成以中心点向外发射的构成形式。如图4-160所示。

图4-160

（3）将图层1与复制的3个图层合层，如图4-161、图4-162执行"滤镜→扭曲→旋转扭曲"，扭曲角度为50，点击"确定"，得到如图4-163所示效果。

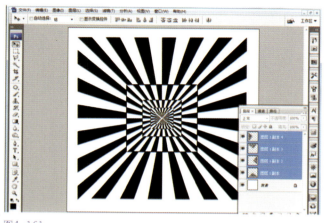

图4-161

图4-162

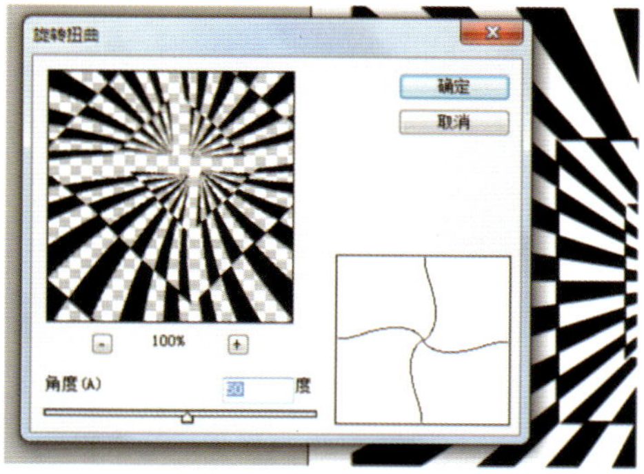

图4-163

最终效果如图4-164所示。

可以尝试不同的扭曲值和扭曲种类，以获得更加有趣的效果。

图4-164

4.10.4 渐变构成

（1）打开软件Illustrator，新建
10 cm ×10cm 空白文件，使用
"文字工具"在画面中输入符号
"&"，在属性栏上设置"字符"
为 Garamond 体，"字号"为
90pt。再执行"文字→创建轮
廓"或使用快捷Shift+Ctrl+O为
字符创建轮廓，如图4-165所
示。

图4-165

（2）再使用"钢笔工具"绘制母
亲怀抱婴儿的图形，并群组，如
图4-166所示。

图4-166

（3）将两个图形全选，执行"对象→混合→建立"如图4-167所示，设置"混合选项"的"混合步数"
为4，如图4-168所示。

图4-167

图4-168

（4）调整混合后图形的位置，最终效果如图4-169所示。

图4-169

图4-170

4.10.5 特异构成

（1）打开软件Illustrator，新建一个图形文件，选用"视图→显示标尺"菜单命令，打开窗口两侧的标尺，利用标尺刻度计算出合适的尺寸，用"选取工具"从标尺中拉出网格辅助线，形成横竖为6的骨骼结构。

（2）依照网格大小用"矩形工具"画出与外围网格适应的正方形，长为15mm，宽为13mm，复制，拼成网格状，选用"窗口→颜色"命令，打开"颜色"面板，将正方形分别填充上不同的颜色。效果如图4-170所示。

图4-171

（3）打开以前范例制作的指纹符号面板，将符号摆放到如图所示位置，在重复的骨架中出现心形指印和手掌印的局部突破，打破规律的单调感，引起观者特别注意，最终效果如图4-171所示。

4.10.6　空间构成

（1）打开Photoshop软件，新建10cm×10cm空白文件，新建"图层一"，选择工具箱中"矩形选框"工具，绘制正方形，并添充灰色，如图4-172所示。

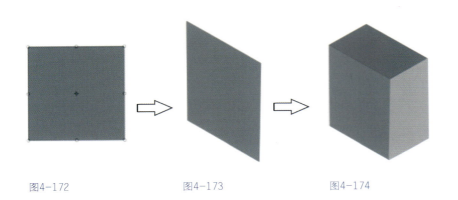

图4-172　　　　　图4-173　　　　　图4-174

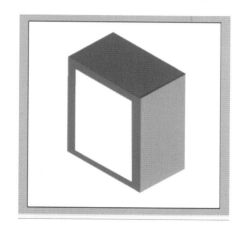

图4-175

图4-176

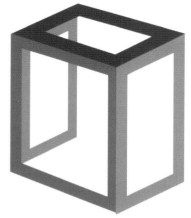

图4-177

（2）执行"编辑→自由变换"将该正方形倾斜一定角度，制作正方形的透视效果，如图4-173所示。

（3）按照步骤（1）和步骤（2）的方法新建"图层二"和"图层三"，绘制其他两个面，效果如图4-174所示。

（4）复制"图层一"建立"图层一副本"，执行"编辑→自由变换"，同时按住键盘上的Shift键，使正方形按比例缩小并为缩小后的正方形建立选区，点选"图层一"图层，执行"编辑→清除"得到如图4-175所示效果。

（5）按照步骤（4）的做法，将另外3个面中心去掉，制成如图4-176所示效果。

（6）将"图层三"复制"图层三副本"，放置到如图4-177所示位置，将"图层三副本"移动到"图层一"下面，以形成透视效果。

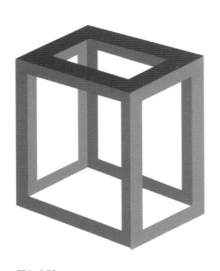

图4-178

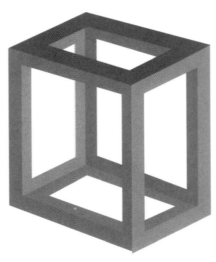

图4-179

（7）按照步骤（6）的做法，将"图层一"和"图层二"复制，得到"图层一副本"和"图层二副本"，放置到如图4-178与图4-179所示。

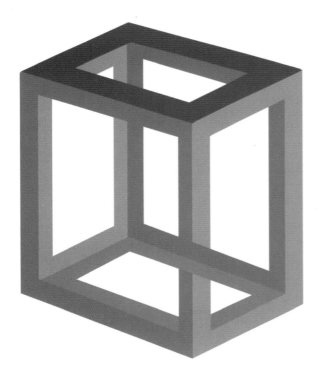

图4-180

（8）将位于画面前面的竖线部分切割掉，形成矛盾空间的效果。最终效果如图4-180所示。

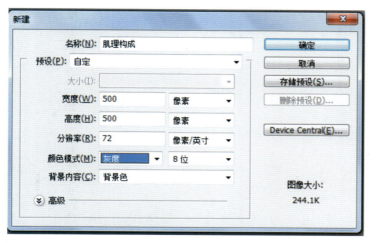

图4-181

4.10.7 肌理构成

（1）打开 Photoshop 软件，新建 500×500像素文件，设置"灰度"模式，填充黑色，如图4-181所示。

（2）点击工具栏上的"横排文字蒙版工具" 在黑色画面上输入文字"Fire"，设置文字属性，字体为"Kokila"、字号为87点，文字输入后，按"Ctrl+Enter"键，完成文字输入，得到字母选区，如图4-182、图4-183所示。

图4-182

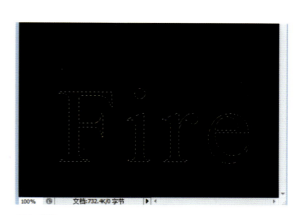

图4-183

图4-184

（3）将选区移动到画面下方，为选区填充白色，如图4-184所示。

图4-185

图4-186

（4）执行"选择→存储选区"，如图4-185，将选区保存为通道，在弹出的"存储选区"面板上设置"名称"为"通道一"，取消选择，如图4-186所示。

（5）执行"图形→旋转画布→90度（逆时针）"如图4-187，将画布旋转逆时针旋转90°，如图4-188所示。

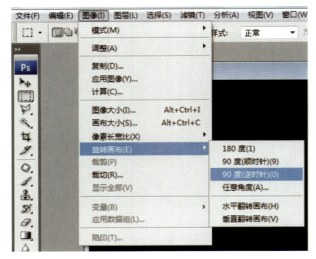

图4-187

图4-188

（6）执行"滤镜→风格化→风"如图4-189，在弹出的"风"面板上设置"方法"为"风"，"方向"为"从右"，如图4-190，点击"确定"，得到如图4-191所示效果。

图4-189

图4-190

图4-191

（7）执行快捷键"Ctrl+F"2次，增加风滤镜效果，如图4-192所示。

（8）执行"图形→旋转画布→90度（顺时针）"，将画布顺时针旋转90°，如图4-193所示。

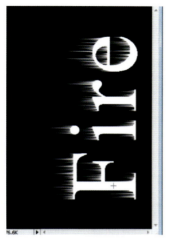

图4-192

图4-193

（9）执行"滤镜→风格化→扩散"，如图4-194，在弹出的"扩散"面板中设置"模式"为"变暗优先"如图4-195，以体现火焰的层次，效果如图4-196所示。

图4-194

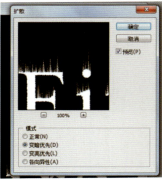

图4-195

图4-196

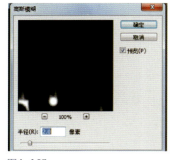

图4-197

（10）执行"滤镜→模糊→高斯模糊"，在弹出的"高斯模糊"面板中设置"半径"为2，点击"确定"，如图4-197所示。

（11）执行"滤镜→扭曲→波纹"命令如图4-198，在弹出的"波纹"面板中设置"数量"为136，"大小"为"中"，点击"确定"，如图4-199所示。

图4-198

图4-199

（12）执行"窗口→通道"，如图4-200所示，打开"通道面板"，如图4-201所示，按住键盘上的"Ctrl"键，点击"通道一"的缩略图，得到选区如图4-202所示。

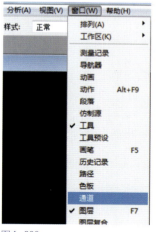

图4-200

图4-201

图4-202

（13）执行"编辑→填充"或执行快捷键"Shift+F5"，在弹出的"填充"面板中设置"使用"为"黑色"，"混合模式"为"正常"，"不透明度"为30%，如图4-203所示，点击"确定"。效果如图4-204所示。

图4-203

图4-204

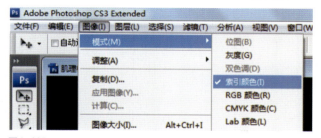

图4-205

（14）执行"图像→模式→索引颜色"，将图像转换为索引颜色模式，如图4-205所示。

(15) 执行"图像→模式→颜色表",如图4-206所示,在弹出的"颜色表"面板上设置"颜色表"为"黑体",点击"确定"。如图4-207所示,"索引颜色"是一种较特殊的颜色模式,该颜色模式的图像对应着一个颜色表,每个像素的颜色根据其亮度值在颜色表中对应的颜色来决定。

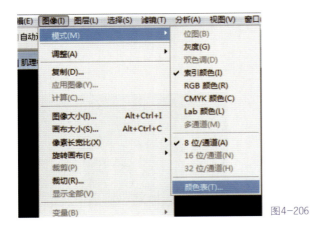

图4-206

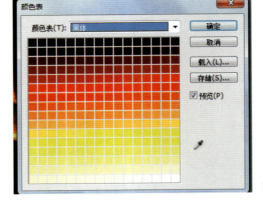

图4-207

(16) 最终效果如图4-208所示。

图4-208

4.11 Photoshop部分滤镜的肌理效果

► 造型设计中材料的应用起着至关重要的作用，不同材料的肌理传达着不同的视觉感受，体现出材料的个性和特征，是质感美的表现。Photoshop滤镜就如同万花筒，可以制作出变幻莫测的各种特效，充分运用滤镜组合，能够产生丰富的肌理效果。

以下图为例，展示部分滤镜的肌理效果。

（1）滤镜——风格化。

原图

查找边缘　　　　等高线　　　　风

浮雕效果　　　　扩散　　　　拼贴

曝光过度　　　　凸出　　　　照亮边缘

(2) 滤镜——画笔描边。

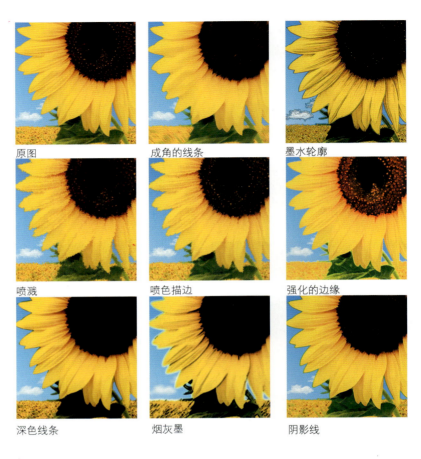

原图　　　　　　成角的线条　　　　墨水轮廓

喷溅　　　　　　喷色描边　　　　　强化的边缘

深色线条　　　　烟灰墨　　　　　　阴影线

(3) 滤镜——模糊。

表面模糊　　动感模糊　　方框模糊　　高斯模糊

径向模糊　　镜头模糊　　特殊模糊　　形状模糊

（4）滤镜——扭曲。

波浪　　　　　　　　波纹　　　　　　　　玻璃

海洋波纹　　　　　　极坐标　　　　　　　挤压

镜头校正　　　　　　扩散亮光　　　　　　切变

球面化　　　　　　　水波　　　　　　　　旋转扭曲

置换

(5) 滤镜——素描。

半调图案

便条纸

粉笔和炭笔

铬黄

绘图笔

基底凸现

水彩画纸

撕边

塑料效果

炭笔

炭精笔

图章

网状

影印

（6）滤镜——纹理。

皲裂缝　　　　　　　颗粒　　　　　　　　马赛克拼贴

并缀图　　　　　　　染色玻璃　　　　　　纹理化

（7）滤镜——像素化。

彩块化　　　　　　　彩色半调　　　　　　点状化

晶格化　　　　马赛克　　　　碎片　　　　铜板雕刻

(8) 滤镜——
艺术效果。

壁画	彩色铅笔	粗糙蜡笔	底纹效果
干画笔	海报边缘	海绵	绘画涂抹
胶片颗粒	木刻	霓虹灯光	水彩
塑料包装	调色刀	涂抹棒	

本章思考题:

(1) 工业设计平面基础的基本表达形式的概念。

(2) 基本表达形式分类有哪些?

参考文献

[1] 朝仓直已.艺术·设计的平面构成 [M] .林征，林华，译.北京：中国计划出版社，2000.

[2] 丁涛.艺术概论 [M] 江苏：江苏美术出版社，2004.

[3] 童慧明，李雨婷.100年100位平面设计师 [M] .北京：北京理工大学出版社，2003.

[4] 于国瑞.平面构成 [M] .北京：清华大学出版社，2012.

[5] 高海军.平面构成 [M] .北京：中国青年出版社，2010.

[6] 布鲁诺·恩斯特.魔镜——埃舍尔不可能的世界 [M] .田松，译.上海：上海科技教育出版社，2003.

[7] 韩然，吕晓萌.说物——产品设计之前 [M] .安徽：安徽美术出版社，2010.

[8] 何政广.康定斯基 [M] .河北：河北教育出版社，2011.

[9] 何政广.蒙德里安——几何抽象派大师 [M] .河北：河北教育出版社，1998.

[10] 《世界设计图鉴》编辑部.世界设计图鉴 [M] .陕西：陕西师范大学出版社，2008.